U0683342

服装设计与教学系列　常树雄　王晓莹　编著　辽宁美术出版社

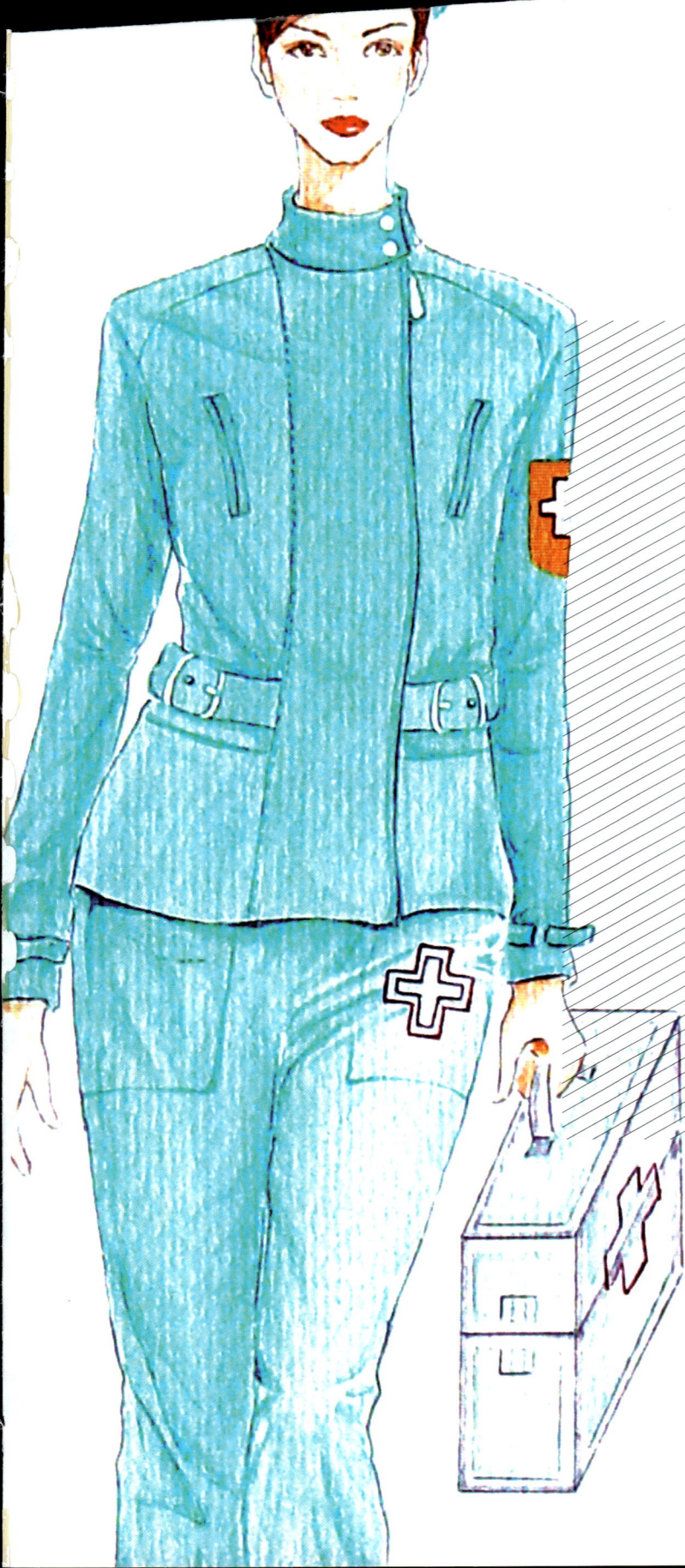

职业服装设计教程

图书在版编目（CIP）数据

职业服装设计教程 / 常树雄，王晓莹编著． —— 沈阳 ：
辽宁美术出版社，2014.4
　（服装设计与教学系列）
　ISBN 978-7-5314-4437-4

　Ⅰ．①职… Ⅱ．①常… ②王… Ⅲ．①职业－服装设计－
教材 Ⅳ．① TS941.732

中国版本图书馆CIP数据核字（2014）第035089号

出版发行　辽宁美术出版社
经　　销　全国新华书店
地址　沈阳市和平区民族北街29号　　邮编：110001
邮箱　lnmscbs@163.com
网址　http://www.lnmscbs.com
电话　024-23404603
封面设计　范文南　洪小冬　苍晓东
版式设计　洪小冬　李　彤

印刷
沈阳佳麟彩印有限公司

责任编辑　洪小冬　李　彤
技术编辑　鲁　浪
责任校对　吕　雪
版次　2014年6月第1版　2014年6月第1次印刷
开本　889mm×1194mm　1/16
印张　8
字数　120千字
书号　ISBN 978-7-5314-4437-4
定价　58.00元

图书如有印装质量问题请与出版部联系调换
出版部电话　024-23835227

目录 contents

导言 >>

职业服装是企业、团体的"名片"，人们可根据企业、团体员工的制服所塑造的整体形象，判断出该企业、团体的性质、经济实力、经营理念、文化品位和企业、团体精神等方面的物质与文化内涵，从而使企业、团体的品牌形象在人们心目中树立威望和信赖感。另外，企业、团体往往充分利用制服的文化特点，突出职业形象识别，显现职业精神内涵和职业魅力，从而树立员工的敬业精神，增强凝聚力。

中国在实行改革开放政策、扩大对外经济贸易与加强国际文化艺术交流以来，随着市场经济的纵深发展，各类职业活动的层次和要求越来越高，企业文化成为品牌升级的必备条件。随着跨媒介交互数字化诸多艺术形式的发展，各行各业的职业服装也被视为职业形象符号的必然。越来越多的企业、团体导入CI形象识别系统，目的是塑造其良好的社会形象。职业服装设计归属于企业、团体的CI形象识别体系，其在体现团队精神、形象传播、职业特色等方面最为直观。因此，职业服装在企业、团体整体形象策划中的重要作用，正日益受到企业家和设计界人士的关注。

职业服装设计融合了文化、科技与艺术，需要满足其对防护、标识、象征和审美这几个基本功能的要求，是通过科学与艺术的结合，以物质的特征和精神的归属体现人文关怀和企业、团体的利益。

设计是赋予职业服装以内在的灵魂，造就职业服装以外在的形态，向各行各业的工作者提供生理、心理、相关劳动条件等全方位的服务，向所有企事业机关、社会团体提供与职业相关的特别需求及形象服务。因此，职业服装的设计是对从事相关职业工作的人的全身心的关怀，是对所服务的设计对象——职业、行业的全方位的关照，是国家、社会、企业职业文明的直接体现。

为此，我们从现时中国职业服装设计的实际出发，把我们对职业服装的研究、设计、教学经验和相关部分的心得体会汇集成此书。本书从介绍职业服装的历史起源、兴起、发展与演变着手，结合职业服装设计的四大要素——实用性、象征性、标识性、审美性进行说明。按照类别分别介绍了职业制服、职业时装、职业工装、特殊职业服装的特征、特点，对职业服装的材料、款式、色彩等方面的设计与应用分别做了详细的阐述与说明，并结合多年的教学实践经验着重概述了职业服装设计的教学过程，提供了部分优秀学生的教学实践范例供读者欣赏和借鉴。

第一章　概述

第一节 ////　职业服装的定义（职业服装的界定）

职业服装是社会团体或行业成员为展示形象、满足劳动动作和防护需要而统一穿着的服装。它是与人们的职业特点密切相关的服装，是区别于生活、休闲用的服装，是从事各种劳动的工作用服装。因此，职业服装涵盖范围很广，社会中某些企业、团体以服装作为整体性标识或保护某些特殊职业人的人身安全用装等，都是职业服装。它必须满足企业、团体的整体形象的统一，符合企业、团体的CI识别系统，同时便于劳动组织、生产管理，满足劳动过程的功效要求。

职业服装在现代所起的作用是显而易见的，它所涉及的范围十分广泛，尤其在今天它已代表着各行各业的面貌而展示在人们面前，象征着劳动者自身的劳动职业及身份地位。

一、从服装分类上界定

从服装分类上界定——职业服装是服装中的一个类别。其定义为职业服装（简称"职业装"）是以服装的功用与效用（即服装功效）为基本条件，根据社会职业分工的实际需要，在服装中形成的一个类别。

社会是以共同的物质生产活动为基础的人类生活的共同体，物质资料的生产是社会存在的基本条件。人们在生产中形成的与一定生产力发展程度相适应的生产关系的总和，构成了社会的经济基础。

人类在物质资料的生产中，从原始社会开始就出现了社会分工，后来逐渐形成了各种职业，并逐步发展成为职业团体。由这些职业构成的、与一定生产力发展程度相适应的生产关系，对提高生产效率、促进商品经济和科学技术发展起到了重大的、不可估量的作用，从而又推动着社会的职业分工的不断优化、科学化，并随着社会的发展而发展。

由此，从服装分类的意义上说，职业服装是提供给从事职业活动的人使用的。

二、从服装应用上界定

从服装应用上界定——职业服装是社会中某一种职业或某一个职业团体的专用服装。其定义为职业服装（简称"职业装"）是社会中的产业、行业、职业团体（例如企业、事业单位等）根据职业分工的特定需要，让从事相关职业的工作人员（简称"从业人员"）按照职业团体的有关规定，在工作时间穿着的专用服装。

由此，从服装功能的意义上说，职业服装要特别强调的是职业的特点和职业活动的要求。

三、从服装特殊研发上界定

从服装特殊研发上界定——职业服装中特别为某特定行业及部门研发而制造的专用性特殊防护服装。

四、职业服装的其他称谓

1. 工作服（工装）

服装是人的生活状态的外在反映之一。职业服装所反映的是人们在工作时的生活状态，而不是休闲时的生活状态。所以，在国际上，职业服装常常被称为"工作服"或"工装"。

2. 制式服装（制服）

职业服装在产业、行业和职业团体使用时，由于要遵守相关的管理制度，经过一定的体制逐级进行审查批准，以指定的式样、规定、穿着范围和方法使用，因此具有规范性的意义。

职业服装又常常被称为"制服"，尤其是对国家职能部门、社会保障部门及担负人民生命财产安全的职责部门使用的职业服装，更多以"制服"称谓。

3．劳动保护服

职业服装中，由于职业的需要，有些品种必须具备一定的防护功能，以便于实施对从业人员的劳动保护。因而在产业、行业和职业团体中企业制服被列入防护用品和劳动保护用品范畴，也称为"劳保服"。

4．特种防护服

职业服装中有一些具有较高的科技含量或具有特殊的防护功能的，被称为"防护服"、"特种防护服"或"特种功能服装"。

5．标识服装

为了区别不同行业和职业的分工，职业服装往往按要求被设计成具有不同特征的外观形象，因而成为不同行业、不同职业乃至不同社会团体的形象标识。所以，职业服装也常常被称为"标识服装"。

第二节 ///// 职业服装的演变

一、职业服装是人类社会分工的产物

所谓"分工"，是指许多劳动者分别从事各种不同而又相互联系的工作，有自然分工、社会分工和企业或团体内部的分工等。

1．自然分工

原始公社时期，由于生产力十分低下，人们在共同劳动、谋求生存的过程中，出现了按性别和年龄进行的最简单的分工，这就是自然分工。

这样的分工让人们专一于一项重要劳动，比单人独立完成一整套劳动项目的生产方式，大大提高了熟练程度，从而提高了劳动效率。

经过数千年的发展进化，随着生产力的发展，这种始于自然分工的人类分工方式已经越来越细，生产也越来越专业化，并且不断分化出新的生产部门。

2．社会分工

社会分工是指社会不同部门（如工业、农业、商业等）之间和各部门内部的分工。社会分工最初出现于原始社会。

第一次社会大分工是农业和畜牧业的出现。这是原始人在长期的狩猎生活中，逐渐形成了专门从事驯养动物的游牧部落，使游牧部落逐渐从原始人群中分离出来的结果。

第二次社会大分工出现在原始社会的瓦解时期。由于金属工具的改良、铁制工具的使用，纺织业和金属冶炼业等开始发展，其结果是出现了手工业和农业的分离。

第三次社会大分工发生在奴隶社会初期。随着商品生产的不断发展，市场的不断扩大，社会上出现了完全不从事生产、专门经营商品买卖的商人阶层。

自此以后，随着社会文化和科学技术的不断发展，社会上又出现了体力劳动和脑力劳动的分工。

以上的从原始社会到资本主义社会自发形成的社会分工和进入社会主义社会后的有计划地进行社会分工，再到市场经济高速发展及职业的分化，是职业服装得以出现和发展的社会基础与土壤。

二、古代等级穿衣制度对职业服装的影响

受古代等级穿衣制度影响的社会着装观念，是后来产生职业服装的社会基础，也是职业及地位分化的重要因素。

1．中国古代的服饰变化

在中国古代，从殷商时期起，服饰已出现了明显的等级差别并延续了数千年。

（1）官吏之服：殷商时开始按等级穿衣。唐朝明令除皇帝可以穿黄衣外，士庶不得以赤黄为衣。明代的官服称为"补服"，即在官服的前胸及后背缀有用

金线和彩丝绣成的"补子"，作为官居品级的标识。到了清代有了更严格的规定，文官绣鸟，武官绣兽。（图1-1～1-8）

上述服饰状况，正如人与衣服相称，其标准便是贵贱地位要用衣服标识界定。

图1-1　商代贵族男装

图1-2　冕服（最典型的冕服应包括冕冠、上衣下裳、腰间束带、前系蔽膝、足登舄屦）

图1-3　冕服上的纹饰——十二章

冕服上的纹饰——十二章

日、月、星辰、山、龙、华虫绘之于衣。
宗彝、藻、火、粉米、黼、黻绣之于裳。

所有章文均有取义：
日、月、星辰，取其三光照临，象征帝王统治天下；
山，象征帝王如山之稳重，安镇四方为人所仰；
龙，象征帝王如龙善变，随机教化百姓；
华虫，即雉（一种雉鸟，古代中原一带大小动物都可叫虫），象征帝王有文章华美之德；
宗彝，为二兽，虎取其猛，蜼（长尾猿）取其智，象征帝王智勇双全；
藻，即水草，象征帝王为政廉洁；
火，象征百姓取暖似的归附君王；
粉米，象征帝王对百姓有济养之德；
黼（刀斧），取其能割断，象征帝王有决断之力；
黻，为两"弓"字相背的图案，象征背恶向善或君臣离合。

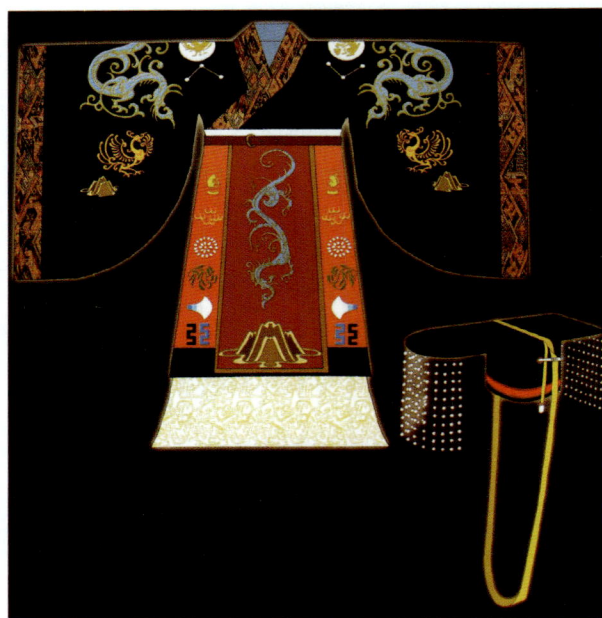

图1-4　汉代皇帝冕服

图1-5 穿冕服的唐代帝王和穿朝服的官员。（复制图）

图1-7 圆领、黄续罗龙袍。上绣龙纹等十二章纹样，袖式适中，肋下加插摆是明代官服的特殊造型。

图1-6 明代嘉靖皇帝衮服像，头戴翼善冠，身穿十二团龙十二章纹衮服。

图1-8 清绣十二章云龙夹朝袍

（2）平民之服：在封建等级服制中，对一般百姓的服饰规定非常简单并统而论之。如西周时的奴隶，由于当时黑色被认为是低贱的象征，就规定奴隶穿黑色的衣服。贵族穿绫罗绸缎而平民百姓只能穿布衣。自唐代至明清，都是皇帝穿黄袍，高级官员穿大红、大紫袍，中下级官员穿绿、青色袍，衙役穿黑衣，平民百姓只许穿白衣。因此，布衣、白衣是平民百姓的代名词。（图1-9～1-13）

（3）军服：古代的军服虽然与常装在风格品位上存在一致性，但是由于对功能的特殊要求，其衣、帽以及所有装饰，形成了极具特色的服饰体系。据史书记载，军服的演变，是从由简至繁，又由繁至简的发展过程演变至今的。这种变化与当时的冶铁业、制革业、手工加工业、服装服饰业的发展状况及经济水平息息相关。

据文献记载，其中最著名的军服改革创举要属战国七雄中的赵武灵王提倡的"胡服骑射"。赵武灵王（公元前325～公元前299）于公元前307年为顺应战势，学习对手长处，实行了一次著名的军制改革，抛弃传统车战，率先建设骑兵军团，并规定奴隶立功可升官。使其军队所向披靡，不仅使胡人

图1-9　汉代陶俑（农民），汉代规定农民只能穿本色麻

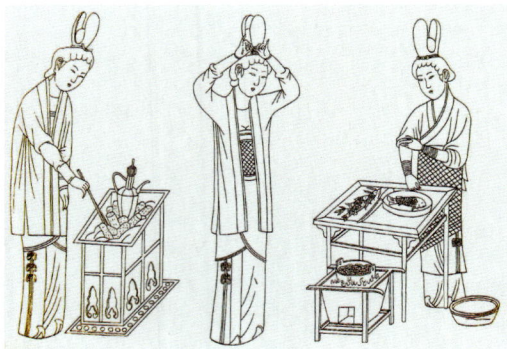

图1-12　宋砖刻中的厨娘像（复制图）

图1-10　唐代戴斗笠，穿小袖和半臂上衣，着长裤，麻或草鞋的纤夫

图1-11　宋代平民妇女服饰示意图

图1-13　戴网巾的织布工

望而生畏，而且成为与齐秦争霸的有力对手。这次改革主要受到战争方式改变的影响。春秋之前，战争形式以车战为主。战国之后，尤其北方，战场由平原扩展到山区，形成了骑兵和步兵，作战方式以短兵相接的近战为主。赵国以弓箭为主要武器，而传统的服装形制，对于骑兵很不适宜。为了改变这种情况，赵武灵王坚持"法度制令各顺其宜，衣服器械各便起用"，"废止上衣下裳制，推行胡服"的主张，毅然实行胡服骑射，采用"胡服形制"。（图1-14）

此后，军服的改革取得了成功，大大提高了作战的能力，实力壮大了，赵国成为战国七雄中的强国之一，也为中原人的生活方式注入了外族的因素。因此，赵武灵王的"胡服骑射"军服改革也是作为职业军服的雏形出现。

2. 西方古代的服饰变化

在西方，自古埃及起，服装服饰就是人的身份和地位的标志，在原始部落时已开始形成的等级穿衣制度一直延续了数千年。

在古埃及奴隶社会，早期的奴隶只能是赤身露体，一般百姓则穿用亚麻制的缠腰布，上层社会贵族的衣料则按地位由低到高逐级升档。（图1-15）

图1-15 身穿蓝色服装的贵妇人

古罗马作为古代欧洲最有秩序的阶级社会，服装作为人的身份地位的标志更加严格。（图1-16）

社会中从事某种工作，作为赖以谋生手段的平民，为了生存和便于劳作，在长期的生活积累中不断创造，并逐渐形成了各自从事工作的特定衣着方式，在长期不停地使用和业内人的效仿中被周围的群众习惯、接受和认同，成为一种约定俗成的职业形象，形成为一种符号与识别特征。

同时，自古以来欧洲各国均以军队着装（军装）显示国家的权威与武装实力的形象。军装与军人的活动需要的一致性，早已不断地为社会各行各业提供了物质与精神榜样。

职业服装是从事相关职业的工作人员按规定在工作时间穿着的专用服装，因而它必须是被纳入有关服饰制度的、有一定穿着规定和管理要求的。

历代无论东方和西方，自皇帝至衙役，着官袍的

图1-14 改革之后的战国男子骑士服装（胡服骑射制军服改革）

图1-16 罗马皇帝豪华博大的托嘎

文官，着铠甲的武将，他们在正式场合的服饰都曾纳入当朝服制，可称得上属于职业范畴的服装（不过当时没有职业服装这个称谓）。其余自古代至近代以前平民的各业服装，虽然都曾有过特色各异的形象，而且有在服饰性质上（例如标识性等）已具有今日职业服装的基本功能的要求和象征。但是，由于它们多是从业者自发创造、自由选择的穿戴，更没有行业规范和职业团体等一定的管理体制。因此，中国古代及西方各业约定俗成的从业打扮，尽管形式丰富，各有特色，但严格而言也只能算是后来诞生的职业服装的社会基础，这也符合新生事物的"酝酿——发生——发展"的规律。

三、西方职业服装的兴起与发展

1．职业服装是产业革命的一个成果

产业革命又称工业革命，是欧洲乃至全世界工业发展的里程碑，也是世界服饰文化发展的一个重要契机。产业革命是人类服饰发展进程、特别是对职业服装的产生和发展有着深远影响的重大历史意义和强大的推动因素之一，是我们在研究设计职业服装时不可遗漏的重要的专项。

"产业"指各种生产事业，也特指工业。"产业革命"亦称为"工业革命"，是指以手工业技术为基础的资本主义工场手工业过渡到采用机器的资本主义工厂制度的过程。

人类迄今为止已经发生了三次产业革命：第一次发生在18世纪末到19世纪中叶，以新的纺纱机械技术为特征；第二次发生在19世纪中叶到19世纪末，以蒸汽机、转炉炼钢和铁路为中心；第三次是于19世纪末，以电力、化学工业和内燃机为特征；现在正在进行中的则是以微电子技术、生物工程、宇航工程、海洋工程及新材料、新能源为特征的第四次产业革命。引发职业服装兴起的，则是起源于英国的第一次产业革命（又称为英国工业革命）的爆发。

2．西方职业服装兴起的两个直接诱因

第一，第一次产业革命使机械化生产代替手工成为可能，并造就了规模巨大的工厂和庞大的产业工人队伍。在多工种、多工序的大工厂里，在众多问题中，严格工种标识、严格劳动纪律、保证劳动效率、保证安全生产，不仅直接关系到工厂正常的生产与生存，而且直接左右着产业能否正常运行与发展。在这里，服装的标识功能与防护功能便显示出它们无与伦比的协助管理的能力和发挥安定生产环境、严肃生产秩序、保证生产的持续顺畅的卓越能力。于是，利用服装来区分工种、标明职务（职责），通过用服装实施的劳动保护保证劳动者的安全，以使生产得到顺利进行很快便形成产业界的共识。从而形成了在当时大工业内普遍使用职业服装的局面。

也可以说，职业服装的兴起，最初是以劳动保护服装的面貌出现的，并且按制度规定必须穿着上工，至今欧洲不少人仍习惯称工矿企业的职业服装为"劳动保护用品"、"劳动保护服装"或"制服"。

第二，由于第一次产业革命实行了机械化生产，成百倍地提高了布匹的生产速度，保证了生产的稳定，并提高了纱与布的品质，而且降低了生产成本，使穿衣不再成为特别困难的问题。尤其是缝纫机的发明，更使服装的制作速度实现了质的飞跃，从而形成批量生产，这就为人数众多的产业使用批量很大的职业服装创造了条件。

3．产业革命的继续与职业服装的发展

职业服装是产业革命的一个成果，是依托产业革命的爆发而兴起，伴随产业革命的发展而发展的。职业服装是产业革命与职业文明的一个硕果。（图1-17、1-18）

自18世纪末第一次产业革命爆发至今200余年，世界上已爆发四次产业革命，每一次都为职业服装带来更全面、更深层的发展内涵，从而不断拓宽职业服装的服务领域。

18世纪末到19世纪中叶第一次产业革命爆发后，职业服装兴起并大规模进入产业领域为工业服务。欧美各国开始出现铁路（职业）服、邮政（职业）服和炼钢（职业）服，稍后出现制造业（职业）服，此

后，便有了潜水服、登山服等问世。

在以劳动保护为主的职业服装被工矿企业大量使用后，另一类以形象标识为主要使用目的、专为商店、酒店、企事业单位服务的职业服装也随之获得发展。与此同时，标识性为主的职业服装进入了课堂。学生服、教师服、学位服得到普遍采用。

第二次世界大战后，受军服性能的影响，提升职业服装的问题普遍受到重视。随之科学技术日益进步，人们探索宇宙奥秘的热情不断升温，于是，宇宙服、极地服相继问世。职业服装的功能更加向贴近工种和作业要求发展。仿效野战军服性能的防风、防雨、隔热、绝缘的服装相继加入了职业服装的行列。

20世纪70年代，"职业女装"问世。职业女装是为职业女性提供的职业服装。随着社会的文化科学技术发展和女权运动的影响，20世纪70年代以后，越来越多的受过较高文化教育、有一定专业技术能力的知识女性走向社会，参加非体力劳动性质的工作。由于她们所处的社会地位、工作环境、业务需要及自身文化素质、生活方式的影响，对衣着打扮比较重视，且具有较高的文化品位，从而形成"办公室一族"女性群体。因而应运而生的"职业女装"，其实是办公室女性的"工作服"，是集华贵与简约、时尚与实用为一体的新型办公室时装，只在上班、工作时穿用，既区别于休闲装、晚装、旅游装，又介于高级时装和基本装之间，对社交场合的适应性很强，使人显得端庄干练，有庄重、典雅、高贵的整体效果，是职业服装整体中一抹柔和而活泼的亮色。

随着以人为本的设计观念在西方的兴起，自20世纪80年代以后至今，职业服装的功能不断深化，科技含量不断增大，这一时期特种防护职业服装大发展已形成了时代特色。防弹服、防毒服、抗菌服、阻燃服、防灼伤服、抗油拒水服、防水透湿服、射线防护服、防热辐射服等，乃至体育运动中的至关重要的摩托车防摔服、高弹力紧身运动服都是这一时期研制成功的。可以说，至此，职业服装具备的功能，已基本上囊括了人类职业的最大范围。

图1-17 1850—1870年之间，法国资本主义得到迅速发展，完成了工业革命，朴素而实用的英式黑色套装在资产阶级实业家和一般市民中普及。

图1-18 20世纪前半叶，西服套装被作为商务职业服的定义出现。商务职业服作为一种由西服套装发展而来的服装形制，也同样受到了男士西服套装文化的影响。

四、中国职业服装的沿革与发展

1. 西方职业服装的引进

    鸦片战争以前，清朝统治者采取闭关锁国的政策，使中国一直处于与外部世界隔离的状态。在1840—1842年因为鸦片贸易英国对中国发动了侵略性的战争——鸦片战争。

    英帝国主义不仅占据中国多个港口和城市，开办实业和直接管理实业，如银行、铁路、矿山、海关、邮政、医院、加工制造等行业和开办学校，而且把英国企业管理的一套规章引入中国，职业服装便是其中的一个内容，称为制服。在中国的由英国人管理的邮政局就规定，邮政人员必须穿邮政服，夏服为蓝色，冬服为蓝灰色。那时，中国人已能从停泊港口的远洋轮上下进出的外国海员中，看到等级标志非常鲜明的西方制服（职业服装）了。

    1900年，八国联军侵占中国后在各地建立了租界，在他们所办的实业和所建的工厂里，规定穿着制服（职业服装），社会上也有大量"洋服"（西式服装）出售。西方的服装工艺也随之传入了中国。随着留学生们不断出国、归国，制服、洋装逐渐被一部分人所接受。

图1-19 中山装

2. 职业服装在中国的推行

（1）职业服装在中国的推行

    民国时期颁布了《服制条例》，对男女制服作了新的规定。在当时传入西装、引进职业服装（制服）、提倡中山装的社会背景下，中国服饰处在中西形制并行的时期。例如，中国男女的大礼服就是使用中式传统形制，而制服（职业服装）多以中山装的形制为蓝本。（图1-19）

    中山装：中山装自孙中山先生倡导，至今仍作为中国特有的男士礼服被延续下来。它是基于学生装而加以改革，据说是因孙中山先生率先穿用而得名，宁波洪邦制作了第一件中山装。其样式原为九扣，袢裥袋，后根据古代礼服装饰的深刻寓意性，参以国之思维（礼、义、廉、耻）而确立前襟四个口袋；依据

图1-20 近代男子长袍和礼帽

国民党区别西方国家三权分立的五权分立（行政、立法、司法、考试、监察）而确立前襟五个扣子；依据三民主义（民族、民权、民生）而确定袖口为三个扣子，等等。西装的基本式样与中华传统意识相接轨，是我国服饰改革中的特点之一，这种服装是借鉴了日本的制服，融合中国传统的观念而产生的。它充分地体现了中国人办事时中庸、庄重、内向、严谨的气度。它使男装的设计意识紧跟现代步伐。同时长袍、西服裤、礼帽、皮鞋也成为这一时期典型中西合璧式的男子装束。（图1-20）

学生服装既有采用中式形制的长衫马褂的校服，也有受西方服饰文化影响，以西装革履为男学生服，女学生则穿旗袍或以中式上衣配西式裙子。

20世纪初，民国政府曾规定蓝色六纽旗袍为妇女礼服，蓝长衫、黑马褂、黑皮鞋为男士礼服，或是直接穿用西服、西式晚礼服、中山装等。自中华人民共和国成立后，如常用的中山装、旗袍既可作为生活装日常穿用，又可作为礼服参加各类社交活动。（图1-21～1-24）

1931年，中华苏维埃共和国临时中央政府颁布了《劳动法》，其中除了对劳动合同、工作时间、劳动报酬、劳动保险、劳动纪律、职工培训、工会组织等方面作了有关规定外，还对劳动保护做了专门的规定。但因在当时物资匮乏的条件下，不可能具体地规定和颁行职业服装的形制。

1949年新中国成立以后，制定了大量的法规，包括劳动法规。其中对劳动卫生（职业卫生）特别关注。《中华人民共和国宪法》还规定了"加强劳动保护"，除规定劳动者有适当的休息时间外，对特殊工种（特殊职业种类），如在高温、高空、井下、有毒等环境工作的从业人员及女职工进行特殊保护。为了保护劳动者，在生产劳动过程中为了安全和健康而向劳动者个人发放"防护用品"。

正是在这样的社会大环境和背景下，自1949年新中国成立至1978年改革开放前，我国政府不仅先后颁布了邮电、铁道、海关、海运、医务等行业的职业服装以及军队、警察服装乃至中、小学生校服，而且有众多的

图1-21　民国时期旗袍样式

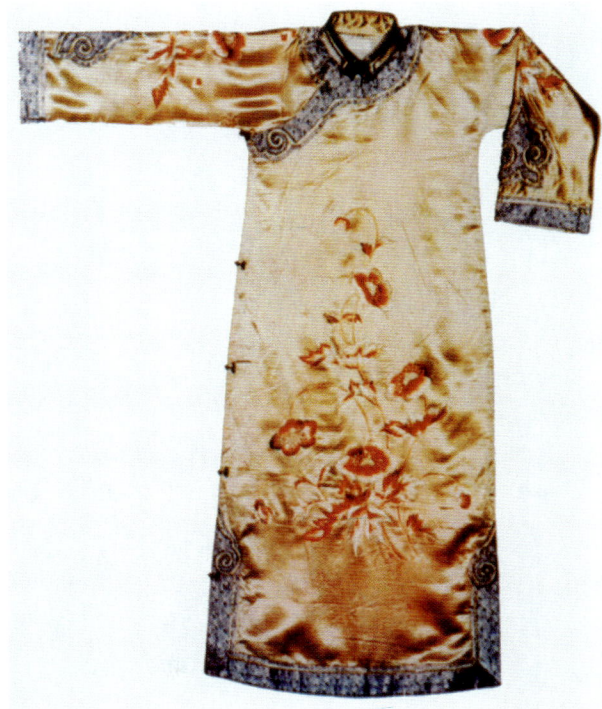

图1-22　20世纪20年代彩绣大襟长袖旗袍

工矿企业单位也把职业服装作为劳动保护用品（防护用品）发给在职员工。所以，在中国有些地区和企业，职业服装又被称为"劳保服"或"工作服"。

（2）改革开放对中国职业服装的促进

中国实行改革开放以来，正逢以微电子技术、生物工程、宇航工程、海洋工程及新材料、新能源为特征的第四次产业革命如火如荼之际。产业革命是职业服装得以产生和发展的一个强大的推动因素，而中国受改革开放的推动，国际交往频繁，第一、二、三产业全面起飞，服装工业空前振兴，为职业服装的高速发展提供了极为有利的条件。1979年以来，政府根据国内产业发展的需要，陆续颁布了民航服、远洋外轮服、石油工人服、交通监督服、工商管理服等形制规定。1983年，为了发展中国服装事业，中国服装研究设计中心成立，考虑到职业服装的研制，专门建立了"特种功能"（职业服装）研究室，主要从事科技开发工作。

（3）中国职业服装进入高速发展时期

职业服装科学研究空前兴旺，进入20世纪90年代以来，职业服装，尤其是特种防护功能职业服装研究在我国已经全面展开并取得丰硕成果。

职业服装已被认为是上班族必备之装。20世纪90年代后，西方"职业女装"概念被引进中国，这种集简约与华贵、时髦与实用为一体的新型时装，迅速成为白领女性的"办公室工作服"，甚至穿入社交场合，从而形成潮流，至今方兴未艾。（图1-25～1-27）

受职业女装的影响，职业男装质量迅速攀升。由于男子的职业、社交、生理和心理特征要求，注定了男装变化相对稳定，因而对男装则更重视工艺、技术的改革。

中国实行改革开放政策以来，企业"以人为本"的管理理念导入"CI"的决策，把人的工作环境、企业（团体）形象作为拓展市场必备的条件。而服装正是穿在人身上，影响人的健康、情绪与工作质量的可携带的环境，又是企业（团体）文化的一种重要标识和体现，因而越来越受到重视。可以说，现在农、

图1-23　溥仪.婉蓉夫妇

图1-24　中西结合的男士礼服式样

图1-25 上班族的服装

图1-26 女子格子套装，在一定程度上受美式风格影响

图1-27 两款套装

工、商各行各业都有被选定的职业服装了。

自20世纪后期起，中国的服装业经过20余年的改革开放，跨越了从产品的数量增长到品种增长乃至进入品牌增长阶段后，中国经济的快速发展，为中国职业装提供了强大的物质需求和历史机遇，适应市场需求，在经济发展中找到中国职业装的自我生存和发展的空间，符合经济规律和市场经济原则。从此，中国职业服装便开始了它的兴盛时期。

第三节 ///// 职业服装的分类

职业服装可以分为军服、制式服装、工作服装、学生服装、专业服装和防护服装。

1. 军服

军人所穿着的统一服装。

2. 制式服装

国家规定的执法和管理部门人员穿着的统一服装。

3. 工作服装

行业、组织、企事业单位人员为满足形象需要或劳动需要穿着的统一服装。

4. 学生服装

学校学生为满足形象和功能需要穿着的统一服装。

5. 专业服装

专业人员为满足从事专业需要穿着的服装，如演出服装、运动服装等。

6. 防护服装

为特殊行业人员在工作时提供便利和防护伤害的服装。

图1-29 制式服装

图1-30 运动服装

图1-28 军服

图1-31 防护服装

第二章 职业服装设计的四大要素

第一节 ///// 职业服装的实用性

　　职业服装与生活服装最大的区别在于更强调其实用性。职业服装的实用性是指职业服装对于工作环境、工作对象的适应。工作环境是指适应室内外温、湿度等气候条件，理想的职业服装能保持人体的热平衡，以人为本，尊重职业规律，满足作业动作要求，提高工作效率。工作对象是指生产加工对象，由于所加工的产品性质不同，对职业服装的功能要求也不同，一方面是对人身安全的需要，另一方面是对保障产品质量的需要。

　　1.实用性是职业服装设计的前提。因为职业服装是为适应劳动生产、工作学习而服务的，这就要求首先要适应其职业特有的劳动活动、生产环境等。职业服装要符合功能，使人穿着舒适，因此要注意服装结构的合理性，注意人体不同活动部位的活动量。

图2-1　三紧式工装设计　　　　图2-2　马甲工装设计

　　例如：一般从事体力劳动的工种，服装造型宽松，适合上拉下蹲，左拉右牵；从事机床作业、井下作业等穿"三紧式"服装较为合适，既可防止机器缠绕，又可防止灰尘入内；钢琴、小提琴演奏者的服装须考虑到袖笼要抬举自由，否则会影响其演奏；指挥家的服装既要合体端庄，挥举自由，又要在指挥中注意抬举胳膊时不能扯动衣身摇动，这就要求服装袖笼造型要合体准确；摄影绘画、野外作业人员等，其服装造型更要从功能方面加以考虑，多褶、多袋的设计既便于存放需用的工具，又可增加装饰美感。相反，从事精密仪器、电机安装等职业服装应尽量简洁、利落，采取无褶无袋的设计，不携带杂物，以免造成设备报废；服务行业人员服装可增加围裙的设计，便于清洁更换，方便实用。在衣身方便的部位可加兜袋的设计，方便服务。（图2-1～2-3）

　　2.服装材料是适应职业服装之功能的重要组成部分之一。没有适用的材料与其职业相结合，也就失去了作为职业服装的实用性。

图2-3　快餐厅服务员服装设计

例如：炼钢工人的石棉服能有效地防止热量的侵入；电工的服装应采用绝缘性能较好的特殊材料，防止导电造成事故；化工部门的职业服装应考虑到化学品对人体的侵害而选用耐酸、耐碱的特殊材料；蚕丝的绝缘性能好，可用丝织品来制作绝缘工作服，绝缘手套等。（图2-4～2-11）

3.职业服装材料选择的原则是和本职业的特性、特点相结合为最佳。

4.职业服装的美观与否并不完全取决于经济条件和衣料本身的价值。既要符合功能要求，又要降低成本造价，符合经济美观实用的原则。

图2-5　防酸碱服装

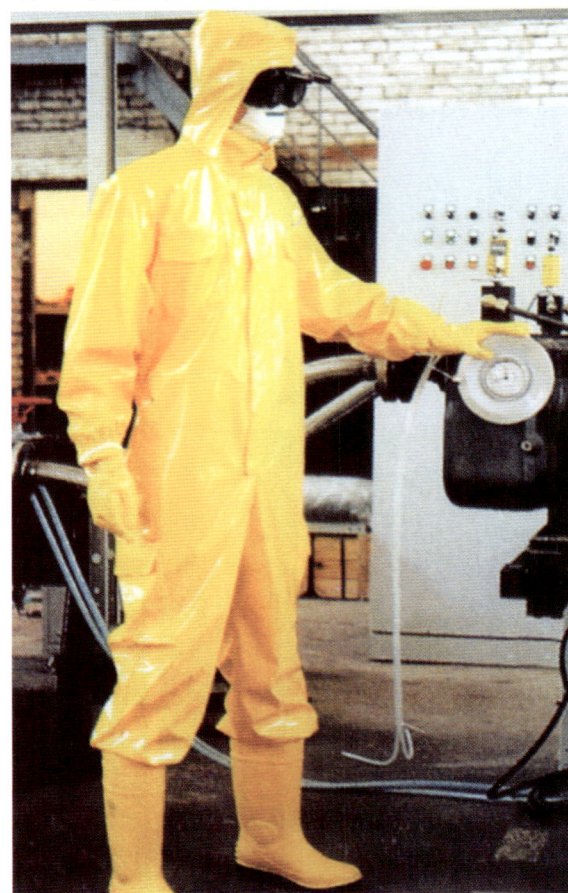

图2-4　防化防毒服装

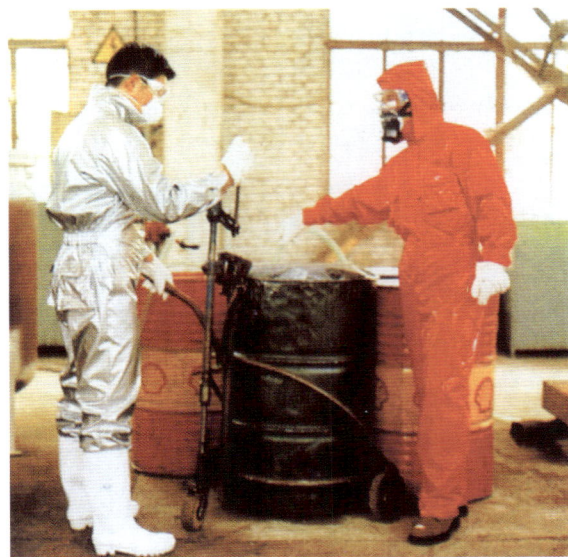

图2-6　防酸碱防化服装

图2-7　防紫外线服装

图2-9　防紫外线工装

图2-10　连体工装背部细节设计

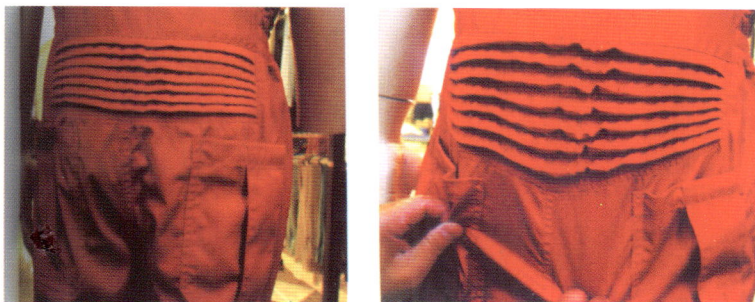

手套的功能细节

全属手套
劳动保护——手套
快速手套
荷兰街道管线工用摩地机时戴的防震耳套和防滑手套

图2-11　劳保手套细节设计

图2-8　防菌服

第二节 ///// 职业服装的象征性

职业服装应有其职业的象征性。

每一种职业人，在穿着合体美观的职业服装后，应感到自身职业的自豪感和责任感。踏入了工作岗位，就意味着为他人服务、为社会做贡献的时间开始，从而应产生一种自觉性。劳动业、服务业、教育业等职业装的美观整洁，也在美化职业环境、美化生活、改善社会的衣着面貌等方面有着重要的作用。

当我们一进入车间，工人们整齐的着装，全神贯注于创造的劳动之中，他们的动作美巧而富于节奏，给人以时间——劳动——创造——价值的象征；一走进宽敞明亮的教室，一种教师的责任感与学生的自觉感会油然而生，而统一的服装更好地显现出刻苦——严肃——整齐——向上——未来的象征；宾馆里松软的地毯、柔和的灯光、舒适的厅房及身着富有情调、高雅、和谐服装的服务员辉映成一幅安静——舒适——松弛——梦幻般之情调；冷饮店服务人员服装则应给人以清凉——爽身——卫生——南极之联想，等等；银灰色的职业服装使人想到金、银、铝、镁、锌等有色金属行业。（图2—12～2—15）

职业服装的象征性是我们设计者所应充分注意到的，但象征要朴实、大方，避免广告效应或不良效果，以保持职业服装的严肃性。

图2—12 学生服装

图2—13 医护人员服装

图2-14 西餐厅服务生服装

图2-15 酒店宾馆管理人员服装

第三节 ////// 职业服装的审美性

职业服装的审美性是指职业人的着装在满足实用功能、符合职业基本要求的基础上，要具有一定的形式美感。职业服装的审美性在于结合职业特点、行为规范、服务质量与工作环境和精神面貌一起，构成企业、团体的整体外部形象，从而反映其文化内涵。企业、团体的标准色在服装配色中的合理应用、服饰搭配与职业特征的合理性、款式、造型都能够正确反映企业、团体的精神理念，是提高职业服装审美艺术性的重要手段。

1.职业服装和其他服装一样应具有审美功能，具有时代的美感。着装后使穿着者具有健美、大方的形象。

美与人类社会的发展和社会的实践活动是有着重要联系的。人们在社会劳动创造中总是自觉或不自觉地在寻求美、创造美。

2.职业服装应有助于表现不同职业人员各自的精

神风貌，应有助于表现他们劳动时的健康之美形象。

例如：从事体力劳动者的职业服装要给人以精神、明快、朴实的感觉；国家机关的职业制服应庄重、大方、得体；服务行业的职业服装要给人以整洁、亲切的感觉；作为环境美化者的环卫清洁工人的工作服要给人以一种清新、整洁、明朗的感觉；运动员的服装应给人以力量、健康之美。（图2—16～2—18）

3.要注意一定形式的服装只有在一定的环境、场合才是美的，在另一种环境就不一定协调。因此要注意服装与环境间的协调性。

当然不同行业的职业服装对于审美和功能的要求各有所侧重，如舞台演出人员的服装，航空乘务员服装，公关、礼仪人员的服装等除符合其行业特征特点之外，对美感的要求就相对多一些。（图2—19～2—21）

4.职业服装由于职业繁多，设计时应充分考虑不同的气候季节，不同的体型，不同的肤色及动作特点等，表现出职业的个性、年龄、颜色及与之协调的造型等要符合多数人的需求。

图2—17 法院制服设计

图2—16 宾馆前台接待员服装

图2—18 自行车比赛运动服

图2-19 自由体操运动员服装

图2-20 空乘服务人员服装

图2-21 礼仪人员服装

第四节 ///// 职业服装的标识性

标识性是职业服装最为突出的特点，它代表着穿着者的职业身份和归属的团体。职业服装是通过统一而又独有的群体服饰形态，构成强烈而鲜明的团体视觉形象，以区别于社会上其他企业、团体。通过职业服装体现企业、团体的职业性质和精神理念；职业服装的标识区别，在企业和团体内部，代表着不同的工作身份和不同的工作岗位。如酒店通过门童、大堂经理、总台服务员、客房服务员、餐厅服务员等着装的不同，明确他们的服务范围和职责，便于组织管理和顾客召唤。

1. 标志是人类视觉联系的一种方式。图案标志最早是从欧洲中世纪贵族的纹章演变而来的。纹章作为一种象征和标志早在欧洲10世纪初就出现了，除了皇家、贵族，就是士兵应用。最早出现的是盾形纹章，它来自于十字军东征时用的盾牌，以区别于敌我双方。后来出现形态各异的图形、十字形、椭圆形等纹章。这种标志在中国历史及亚洲其他国家的历史上也有过，只是形态不同罢了。例如我国古代官服上表示品位的补子、日本和服上的族徽等，都反映了这一时代的特色。具有封建色彩的纹章在许多国家和地区都已成为历史陈迹，其精美的图案却流传下来。

2．作为职业服装的标志与其他服饰图案不同，它具有其鲜明的标志性。从标志中能透出职业、身份、等级、地位等，甚至还能反映出本企业生产的产品，象征其图案文字均可充分发挥最大的表现力，成为职业服装的一个组成部分。（图2-22～2-25）

3．作为和职业服装相配套、衬托标明出其职业身份、职业特点的标志还能增加其职业美感。（图2-26～2-29）

4．要避免标志零乱放置，部位要合适，大小适中，形状要和整体服装造型协调统一，颜色简洁、明了。加工方法可采用补绣、印刷等。

5．要注意职业服装标志与职业服装结构、色彩应用统一和谐起来。

图2-23　铁路员工制服

图2-24　职业制服

图2-22　中国电信员工制服

图2-25　校服制服设计

图2-26　FedEx快递员男装

图2-28　FedEx快递员的长短袖T恤设计

图2-27　FedEx快递员女装

图2-29　瑞典航空制服

第三章　职业服装的分类设计

职业服装依据服装的基本功能和属性，立足于职业特点来进行分类，概括为职业制服、职业时装、职业工装和特殊职业服装四大类。

一、职业制服（服务业制服）

职业制服（服务业制服）——按照职业团体规章制度穿用的表示工作性质、职业、团体阶层的服装，又称标识性（或标志性）服装，如商店、酒店、宾馆、机关、企业事业单位、交通部门或行业的上班服，以及军警服、学生服、宗教服等。这种职业服装讲求职业标识功能、社会道德功能（包括仪容功能、遮蔽功能等）和装饰美化功能（包括整形功能、装扮功能等）。

1. 国家机关：公、检、法、海关、税务等；
2. 行业团体：银行、电信、邮政、证券、金融保险等；
3. 服务行业：酒店、餐饮、美容美发等；
4. 交通运输：船运、铁运、陆运、空运等；
5. 商　　业：售货、促销、售后服务等；
6. 医疗卫生：医护、保健等；
7. 校　　服：学生服、学位服等；
8. 军　　服：军人所穿着的统一服装。
（图3-1～3-56）

图3-1　警察制服

图3-2　警察制服

图3-3　骑警制服

图3-5　邮政电信制服

图3-4　特警制服

图3-6　邮政电信制服

图3-7　酒店迎宾与门童

图3-8　酒店迎宾与门童

图3-9　酒店领班

图3-10　酒店领班

图3-11　客人服

图3-12　客人服

图3-13 酒店厨师服装

图3-14 酒店厨师服装

图3-15 酒店厨师服装

图3-16 快餐厅服务员

图3-17 快餐厅服务员

图3-18 快餐厅服务员

图3-19　民族餐厅服务员

图3-20　民族餐厅服务员

图3-21　民族餐厅服务员

图3-22　民族餐厅服务员

图3-23　民族餐厅服务员

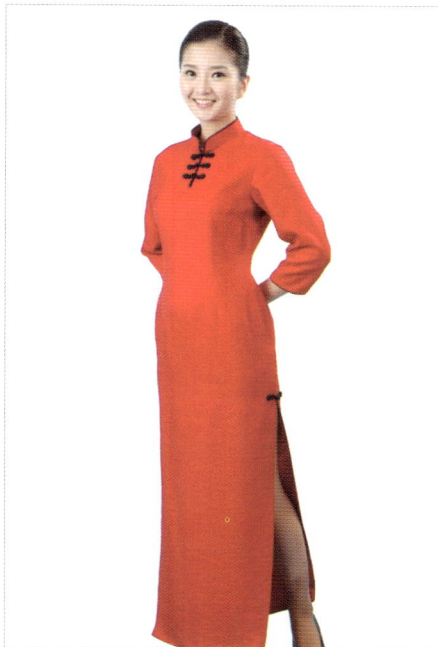
图3-24 中餐厅服务员

图3-25 中餐厅服务员

图3-26 中餐厅服务员

图3-27 西餐厅服务员

图3-28 西餐厅服务员

图3-29 西餐厅服务员

图3-30　酒店DJ演出服装

图3-31　酒店DJ演出服装

图3-32　酒店DJ演出服装

图3-33　促销员制服

图3-34　促销员制服

图3-35　促销员制服

图3-36　铁路公交制服

图3-37　铁路公交制服

图3-38　铁路公交制服

图3-39　铁路公交制服

图3-40　铁路公交制服

图3-41　铁路公交制服

图3—42　医护人员制服

图3—43　医护人员制服

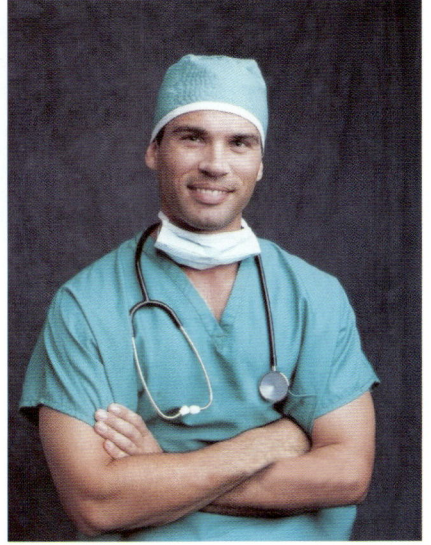

图3—44　医护人员制服

图3—45　医护人员制服

图3-46　学生校服

图3-47　学生校服

图3-48　学生校服

图3-49　军服

图3-50　军服

图3-51　军服

图3-52 军服

图3-53 作训军装

图3-54 军服

图3-55 作训军装

图3-56 作训军装

二、职业时装

职业时装——是各行各业白领（办公室工作人员）穿着的介于工装和时装之间的服装，如文职人员和礼仪人员的服装。（图3-57～3-65）

图3-57 文职男装

图3-58 文职男装

图3-59 文职女装

图3-60 文职女装

图3-61 文职女装

图3-62 礼仪人员服装

图3-63 礼仪人员服装

图3-64 礼仪人员服装

图3-65 礼仪人员服装

三、职业工装

职业工装——指一般作业人员（例如制造业、电信业、建筑业、医药卫生业等人员）穿用的服装，对穿着者在工作环境的基本性安全有一般的保护作用，例如使被工作服覆盖下的本人原有的服装免受磨损和玷污，同时保护产品免受操作者玷污，也有一定的标识作用（如能帮助旁观者识别穿着者身份、工作属性、技术水平，宣传企业品位、文化和企业标志等）。

1．工作服：机械维修、生产加工、车工、电工等；

2．防护服：医药、食品、化工、电子、精密仪器等；

3．室外作业服：环卫、养路、建筑、供电、采矿等。（图3-66～3-73）

图3-66　工装制服

图3-67　工装制服

图3-68　工装制服

图3-69　连体工作服

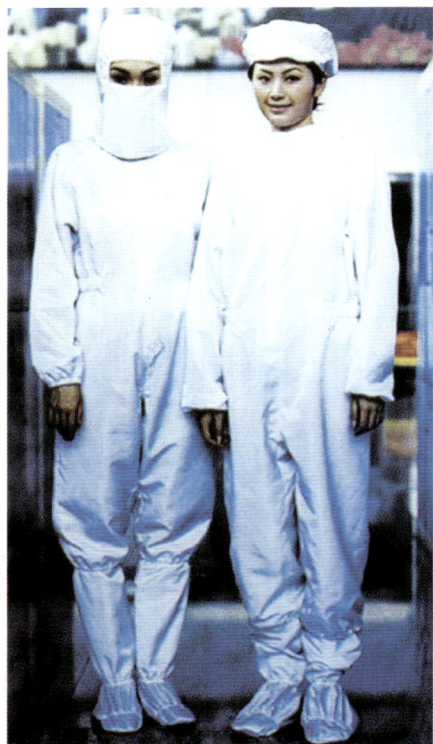

图3-70　防护工装

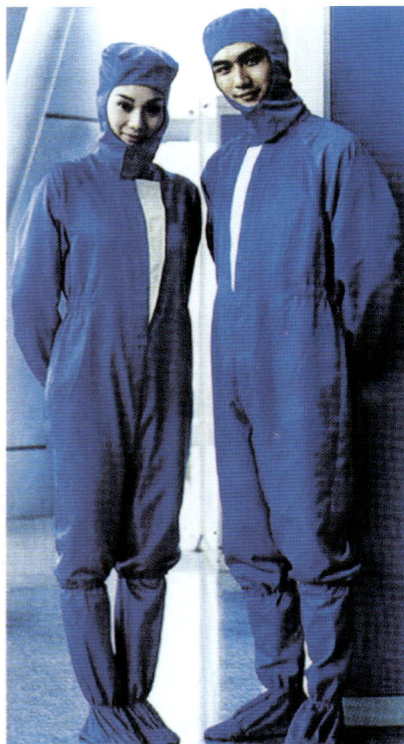

图3-71　防静电服

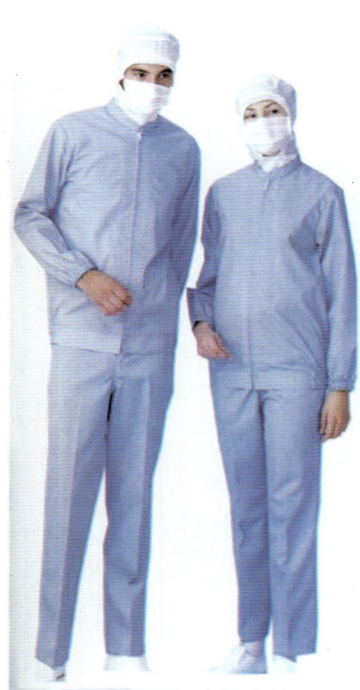

图3-72　防静电服

图3-73　防静电服

四、特殊职业服装

1. 特种职业：消防、防爆、潜水、飞行员、航空航天用服装等；

2. 运　动　服：滑雪服、溜冰服、骑士服、登山服、竞技比赛用服装等；

3. 舞台表演服：主持、播音、拉丁舞服、交谊舞服、芭蕾舞服等表演用服装；

4. 记　　者：摄影、摄像、记者用服装；

5. 导　　游：随团导游、景点导游员用装；

6. 保安人员：维护安全人员专用服装；

7. 猎　　装：户外打猎人员服装。

（图3-74～3-88）

图3-75　消防服

图3-74　消防服

图3-76　消防服

图3-77　保安制服

图3-78　保安制服

图3-79　保安制服

图3-80　保安制服

图3-81　飞行员制服

图3-82　宇航员制服

图3-83 车模服装

图3-84 车模服装

图3-85 车模服装

图3-86 赛车宝贝服装

图3-87 赛车宝贝服装

图3-88 赛车宝贝服装

第四章　职业服装的设计与应用

职业服装设计是遵循服装设计的一般规律和法则，同样有材料、款式、色彩三大设计要素。但职业服装的性质，使这三大要素都有其特殊的归属性，是相互影响和依存的。因此，职业服装设计与其他服装设计是有所区别的。它不同于生活时装设计，它不仅是色彩与款式造型的变化和服装材料的运用，而且在体现时尚潮流、追求款式造型顺应时代需要的同时，还需针对特定的工作性质、工作环境等因素将特殊功能的材料应用到职业服装设计中。

第一节 ///// 职业服装材料的选择与应用

服装材料是设计的物质基础，也是职业服装功能保障的物质基础。服装材料是适应职业服装功能的重要组成部分之一，没有适用的材料与其职业相结合也就失去了作为职业服装的适用性。因此对材料的选择必须根据不同职业的作业性质、环境要求、工作对象，考虑其实用性和科学性。

在易燃易爆的工作环境，必须选择有抗静电性能、阻燃性能的材料，如棉毛等；在高温环境，选用具有耐高温、隔热、吸湿透气性能的材料；在化学污染环境，必须考虑到各种化学品对人体的侵害，必须选择耐碱、耐酸、耐污防腐、保温透气性能的材料；而某些竞技比赛的服装，则选择具有质轻、有弹性、耐磨、吸湿透气性能的材料；从事体力劳动应考虑其材料的耐磨性，使用斜纹织物较为适合；从事高山作业、运动的服装应选用既轻便又保暖的材料等。（图4-1～4-14）

职业服装的选材原则应该是和本职业特性、特点结合为最好。科学选材的目的是通过材料在职业服装中的有效应用，避免或降低环境因素和作业性质对人体带来的损害和影响，使之满足职业属性要求。

科学技术的进步使职业服装的材料具有某些特殊的功能，如防弹、防辐射、耐压、无菌等各种防护性能。随着高新技术在服装材料上的应用和发展，具有新功能、新外观的材料不断问世。设计人员应时刻关注科技发展新动态，将新型材料及时应用到职业服装的设计中去。

图4-1　消防阻燃服装

图4-2 阻燃服装

图4-4 消防员服装

图4-6 防静电防菌服装

图4-3 阻燃服装

图4-5 防静电服装

图4-7 高弹自行车运动服

图4-8 冰球比赛服（防护服装）

图4-10 舒适运动休闲服装

图4-9 短道速滑比赛服装

图4-11 舒适运动服装

图4-12 工装制服

图4-13 防寒工装

图4-14 耐磨工装设计

第二节 ///// 职业服装式样的设计与应用

职业服装式样设计包括形态造型设计和款式造型设计。形态造型设计是指服装廓形特征和穿着方式，如紧身型、合身型、松身型等，穿着方式有套头式、围腰式、连体衣、前开式及背开式等；款式造型是指其领形、袋形、结构线、门襟、衣底摆等的设计形式。以夹克工装为例，其服装的形态造型相同，而款式上，如口袋大小、造型、位置，领形的造型以及门襟、袖口的形式等可根据工种的不同进行定位设计（图4-15～4-17）。

图4-15 连体工装制服

图4-16 连体工装制服

图4-17 夹克式工装防寒制服

图4-18 户外工装制服

图4-19 连体工装

图4-20 不同款式的工装制服

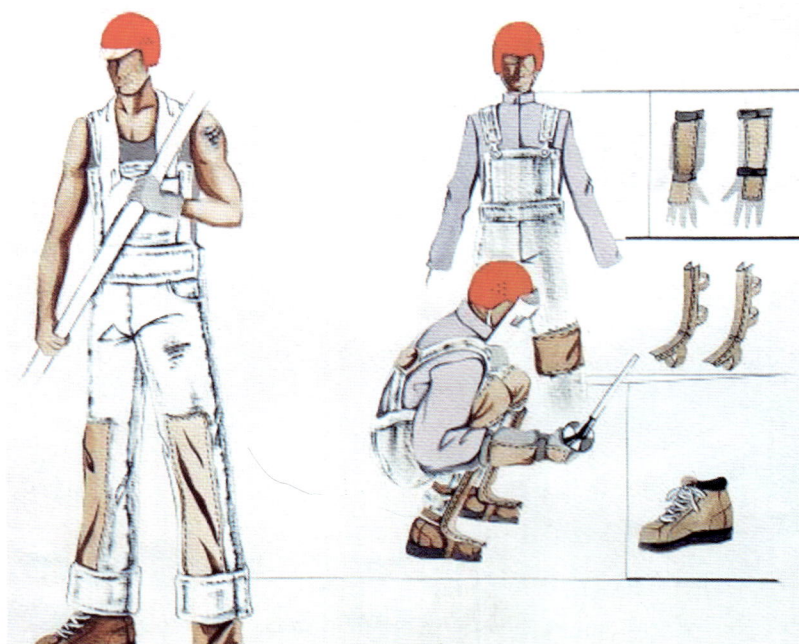

图4-21 特殊工种工装制服

服装的形态造型设计要根据工作的性质和要求进行策划。服装的形态造型还决定了其名称，如背心式、围裙式、背带裤式工装、袍褂式、夹克式、连体（身）式等。但服装的形态造型设计与款式造型设计是相互依存的，二者共同构成了职业服装的属性特征。因此，职业服装的式样设计与材料的选择、色彩的设计搭配密切相关，同样具有标识性、实用性和象征性。（图4-18~4-21）

式样的标识性是显示穿着者的社会符号、工作性质和职业身份的。在式样设计时，首先要尊重国际所形成的职业服装标识惯例特征，如酒店门童的服装设计、厨师帽等设计；司法界的法官袍、律师袍等设

图4-22　酒店迎宾服与门童服装

| 大厨 | 行政总厨 | 厨师 | 小厨 | 厨工 |

图4-23　酒店厨师服装

计，可根据本国情况或本地区的民族风俗习惯、社会因素等，进行局部的调整设计。企业、团体内部服装式样的标识性显示了工作岗位、工作性质和职责的不同，便于组织管理。（图4-22、4-23）

式样的实用性体现在具有防护功能、适应功能的职业工装上。根据工作性质，式样的防护性设计体现为一是保护工作人员的人身安全；二是对产品质量的保障。式样适应性设计体现的是人文关怀：一是满足职业行为对式样设计的舒适性要求；二是通过材料与合理的式样设计为穿着者保持体内的热湿平衡。

式样的象征性与人的职业素质一起，是企业、团体文化品位与精神面貌的形象载体，它象征着企业、团体的团队精神和经营、服务理念等。因此，在式样设计创意上，不仅要求具有实用性、标识性，而且用象征性手法表达其文化特征和服务特征，并与品牌一起共筑企业、集团在社会上的精神地位。（图4-24～4-29）

图4-25 麦当劳大堂员工制服

图4-24 麦当劳服务区员工制服

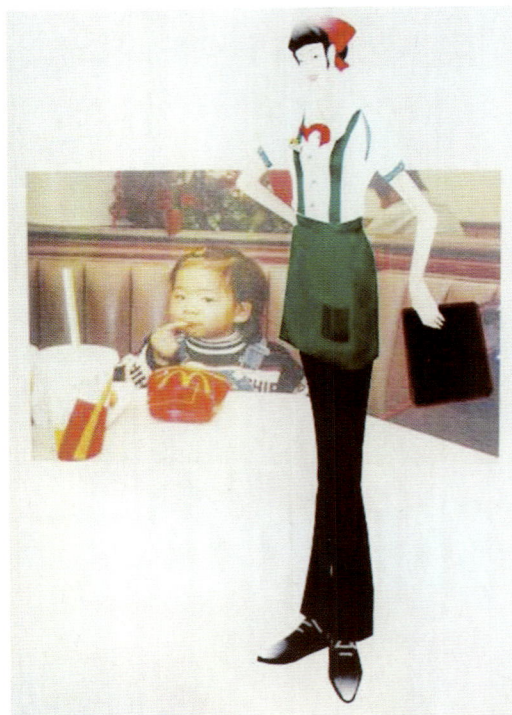

图4-26 麦当劳生产区员工制服

图4-27　汉庭酒店服务人员制服

图4-28　汉庭酒店保安制服

图4-29　汉庭酒店经理制服

第三节 ///// 职业服装色彩的设计与应用

　　色彩是职业服装设计的重要内容之一。其标识性归属于企业、团体的CI形象识别系统，其功能性则归属于企业、团体的工作性质和内部管理体系。色彩的作用主要表现在心理、生理和象征性等方面。

　　职业服装属于企业、团体CI形象识别系统中的视觉识别VI应用要素之一。因此，应首先将企业、团体的标准色（标志色、辅助色）应用到职业服装中。职业服装中的色彩设计通常是将标志色作为主色，配以辅助色使用，但色彩设计要与职业服装的款式造型有机结合。有些企业、团体的标志色难以用于整体服装上，则可以采用标志色作为辅助色或点缀色用于服装上，也可选用企业、团体的标准色的相邻色作为服装配色。服务行业的服装，如酒店制服，在色彩设计上要考虑与室内环境色彩的协调性，其标志色通常在服饰配件或装饰上体现，如领结、领带、领花，包括胸

图4-30　中餐厅服务人员服装

饰或者在服装上采用镶、拼、包、滚边等工艺形式，将标准色用于其中。总之，职业服装色彩要根据企业、团体CI形象识别系统，体现其工作性质、经营理念、团队精神和象征意义。（图4-30~4-33）

职业服装色彩在实际工作中的功能性，主要体现在对员工的心理、生理的影响，对企业、集团内部组织管理、安全生产方面的作用。色彩的心理作用在于象征联想与情感体验，如航空乘务员的服装色彩通常采用天蓝色，象征着职业特点；竞技比赛服装的色彩采用明快的对比色，色彩强烈分割多，可激发情绪又可增加力量与速度之感，有助于运动员进入最佳的兴奋状态；工地上的建筑工人戴上黄色安全帽，一方面能起到缓冲作用，另一方面色彩醒目以减少伤亡危险；工作服的色彩与室内环境、机械设备的色彩适当的区别，既安全又能振奋精神，对提高工作质量和保护工作者的心理健康起着重要作用。（图4-34~4-40）

图4-32 西餐厅服务人员服装

图4-31 领结、领花配饰色彩设计

图4-33 西餐厅服务人员服装

色彩的生理性是指色彩对于神经系统的刺激作用，如色彩的鲜艳与灰暗、浅色与深色、冷色与暖色都会对工作者在情绪上产生影响，增加或减少疲劳感、兴奋感、烦躁感、单调感等。如在医疗行业，手术医生的服装采用墨绿色，与红色形成补色关系，目的是能及时调整视觉神经对色彩的适应性，避免视觉疲劳；而护士的服装色彩，则采用宁静、安详、清洁的浅粉色、淡蓝色、白色等，有助于缓解患者情绪，起到辅助、配合治疗的作用；冷饮服务系统可采用蓝白相映的颜色搭配，给人以清凉、爽口、卫生之感；

图4—35　航空服务人员服装配色

图4—34　空乘服务人员制服

图4—36　空乘服务人员制服

图4-37 足球运动员的服装

图4-39 两款工装设计色彩明快，分割较多

图4-38 运动员的服装色彩明快鲜艳，对比强烈

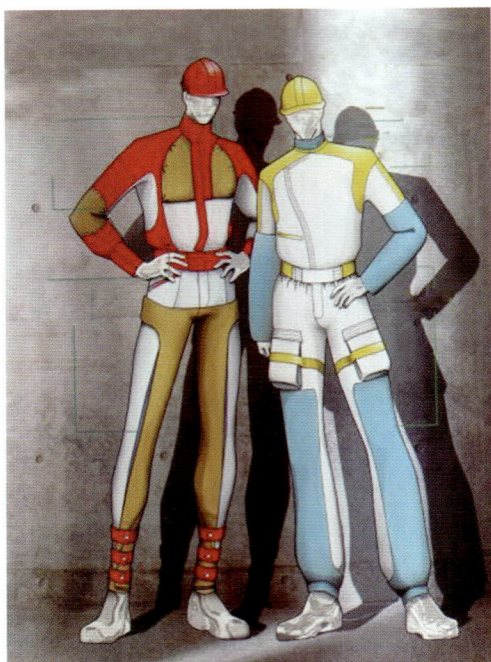
图4-40 两款工装设计色彩明快，分割较多

文艺工作者穿上白色或黑色的职业演奏服更显其高雅、端庄、大方的气质；幼儿教师的服装应显出自然活泼的色彩效果，不应过于严肃；而一般普通教师的服装色彩应朴素稳重，带给课堂及学生好的教学效果；中小学生的校服色彩可活泼鲜艳些，符合年龄的特征和特点，增加活泼青春之感；主持人及播音员的服装色彩应注重其端庄、高雅、大方得体的形象，避免强烈对比的色彩分割和破坏整体美感和效果。另外，服装色彩也要与工作环境相适应和协调，如有色金属行业的职业服适于银灰色、米灰色、淡茶色等中

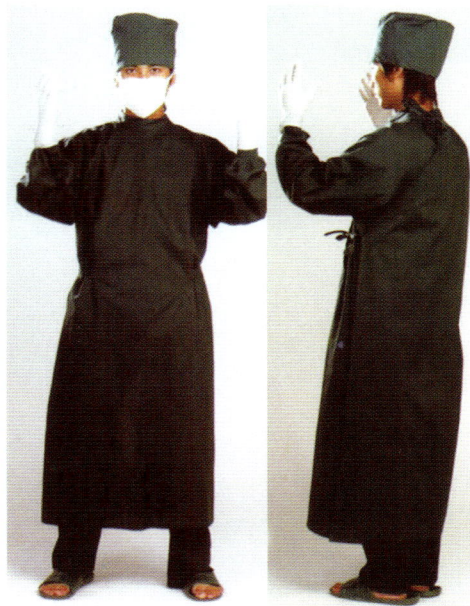

图4-41　手术医生的墨绿色服装

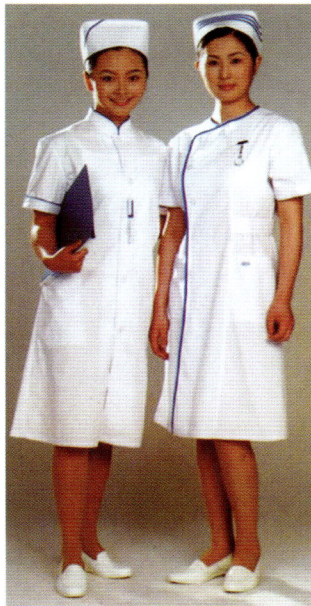

图4-42　护理人员的白色服装

图4-43　护士的淡粉色、淡蓝色服装

图4-44　建筑工装的整体色彩搭配

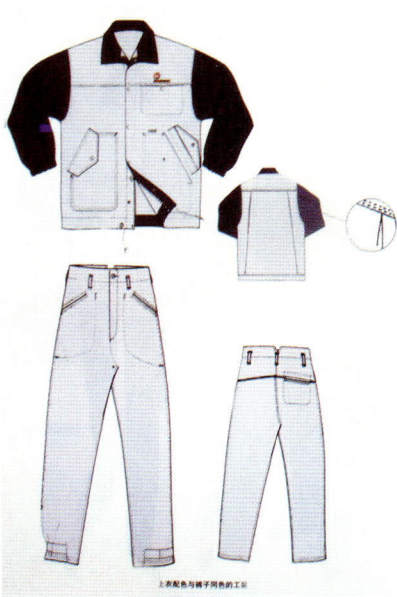

图4-45　灰色系列的工装套装

图4-46　灰色系列的工装套装

图4-47 中学生校服设计

图4-49 中学生色彩轻快的校服设计

图4-48 中学生色彩明快的校服设计

图4-50 色彩轻快鲜艳的学生运动校服

性灰色彩。（图4-41～4-50）

　　色彩的象征性体现在企业、团体的岗位识别、工作身份的辨别上，以发挥"色彩管理"在全面组织管理中的作用。如在超市，服务员及促销员的服装色彩对比鲜明、个性化强烈，可便于顾客的识别和召唤；导游员、售票员、交通民警等服装色彩要有明显的标识和象征性，目标明确以便于识别；邮电部门的职业制服至今采用象征和平的橄榄绿色；另外，在特殊的工作条件和环境下，服装色彩与环境色的对比与协调，是基于安全方面的考虑。如军装中的迷彩服（伪装服）属职业性应用服装，采用的草绿色是掩护身体之色，也称"保护色"。（图4-51～4-53）

　　总之，职业服装色彩设计是职业服装设计的重要部分，设计前同样需要实地考察，包括室内外环境色、室内光线、照明、办公家具及用品、生产设备和器具等的色彩条件等，这些均可作为职业服装色彩设计的重要参照。

图4-52　交警制服设计标识鲜明，色彩搭配协调

图4-51　促销员的服装色彩鲜明、对比强烈

图4-53　军装中的迷彩军服设计

第五章　职业服装设计的教学过程

职业服装设计与一般的服装设计方法基本相似，但也有不同之处。一般的服装设计的主要依据是流行趋势和消费对象的需求，所倡导的是个人时尚性和精神面貌；而职业服装设计则具有两面性：一方面除满足使用功能上的需要外，对服装款式造型进行设计，需表现出个人的风采与气质；另一方面，职业服装设计面对的是一个团体，设计者必须能准确地预测到若干个体在叠加、融合之后应能表达出整个企业、团体的精神和理念。根据企业、团体的性质、精神理念及CI形象识别系统进行策划，树立的是整体的社会形象和团队精神，在一定程度上不考虑穿着者个人的要求。通过职业服装的标识，区别企业团体内部的不同工作身份、岗位，是为明确工作职责，便于经营管理而考虑的。而一个企业、团体职业服装的标识整体性，则是为区别于社会其他团体，树立本企业团体的整体形象。因此，将两方面有机地统一才能设计出出色的职业服装。

职业服装设计除了必须具备服装设计的知识和素质外，在为企业团体设计职业服装时，应准确把握该企业团体的营销策略和业务特征，符合其产品生产、服务对象的需求。同时要了解相同行业团体的外部形象特征，以便更好地体现该企业团体的形象个性。如为酒店设计制服时，应了解其服务理念、经营特点，通晓制服式样的国际惯例等。而在为企业设计工装时，必须熟悉和体会设计对象的工作性质、作业要求、环境特征等，不能单纯考虑美观，否则可能会给穿着者的工作带来不便，甚至造成安全隐患。

由于职业服装行业分类众多，涉及服装以外的诸多因素和制约条件，所以，职业服装设计具有极强的专业性和特殊性。这就要求设计者在为企业团体设计制服时，应进行实地考察，掌握第一手资料。

此外，职业服装设计因针对性强、涉及面广，所以设计工作应按严格的程序来进行。

一、调研考察

1.宏观调研

了解、掌握企业、团体的性质、管理制度、经营理念及其在社会上的公众形象；企业、团体CI形象识别系统的基本要素和运用规范；相同行业制服的国内外现状和特点，以及与之相关的法规、标准和惯例等。

2.实地考察

首先根据设计任务确定考察环境、内容、对象、目的等，考察现行职业装的使用情况，以及针对工作性质、工作环境、工作对象的职业特征和规律等收集现场资料，了解职业特点特征、职业伤害和伤害源与职业服装之间的关系等。

二、确定方案

根据设计前的调研考察，对所搜集的资料加以综合，展开设计思路，以系列的形式设计多种可行性方案，内容包括款式设计、材料性能、色彩设计、服饰搭配等，以及针对职业要求而提出的具体解决方案。设计方案要先以草图的形式表现，经反复修改确定后，再以准确、生动的服装设计效果图的形式表现出来，并提供服装材料小样。

三、职业服装设计的具体方法和基本要素

素材的搜集：职业服装的素材有方方面面，但最基本的则是"5W1H"原则。"5W"即Who，When，Where，Why，What；"1H"即How。

1．Who——此职业服装给什么人穿用

(1) 服装设计必须关注的第一要素——人的要素；
(2) 职业服装设计的市场服务的核心——人的定位；
(3) 职业服装设计为产业、行业、职业团体最基本

资源——人力资源提供最佳的职业工作条件。它包括所在职业团体，性别，职业性质——工种、工作特点、要求，职业级别——工作责任、着装阶级特征，可能存在的着装心理，其他。

2．When——什么时候穿

（1）季节——春秋、冬、夏；

（2）时间——日间穿着，夜间穿着，全天候穿着；

（3）气候特征——温度、湿度、风速、雨、雪、雾等情况；

（4）特殊气候或夜间的安全色彩标志和发光标志的确定。

3．Where——在哪里穿

（1）在城市里；

（2）在郊外——山上、田野、沙漠、沼泽、海边、海上、矿井中、空中等；

（3）在特殊场地——起重机械的悬臂下（如建筑工人等）、石油工业采油井旁、远洋轮船上等；

（4）在室内——车间、办公室、商场、酒店、宾馆、运动馆、舞台、火车、汽车、飞机上等；

（5）在户外——繁华街道、高速公路、门卫、游乐场、停车场等；

（6）在高空作业或带电作业时；

（7）工作（活动）场地的自然环境、气候状况；

（8）工作（活动）场地的建筑环境、陈设状况；

（9）工作（活动）场地的色彩环境、人际环境、照明状况及其他情况。

4.Why——为什么穿

（1）防护目的——防护种类（自然防护、公共防护）、防护等级（一般防护、特征防护）等，与职业性质和所接触的物质及可能引起的险情联系起来；

（2）标识目的——标识特征、风格，与职业团体（或企业）的标识形象、风格联系起来；

（3）礼仪目的——社交、会议、谈判、演讲等，与职业团体（或企业）的经营理念联系起来；

（4）提高形象品位目的——CI要求，与职业团体（或企业）追求的社会层次（或品位）联系起来；

（5）广告目的——明确职业团体（或企业）希望广为传播的宣传中心，与职业团体（或企业）在新时期或新阶段的主攻方向联系起来；

（6）提高作业效率目的；

（7）便利工作目的（例如吸引视线目的、行动便捷目的等）；

（8）其他目的。

5．What——穿什么

（1）根据1-4的调研的素材，提出的初步设想。

（2）服装材料；

（3）服装结构；

（4）服装规格；

（5）服饰配件；

（6）禁忌及其他；

6．How——如何穿、怎样穿、穿着的方式方法

（1）工艺要求；

（2）扣紧要求；

（3）上下装连接要求；

（4）穿脱要求；

（5）配件要求；

（6）其他要求。

四、职业服装设计的基本条件

（一）色彩的设定

1．色彩设定对职业服装设计的意义

（1）色彩感是服饰对人的视觉的第一作用。对于以标识作为行业或职业团体的服装来说，至关重要；

（2）以色彩作为标识，对安全防护、加强企业管理有特别的作用；

（3）色彩的情感能加强职业与服务对象的亲和感，从而加深信任感，便于开展职业服务；

（4）色彩的有效组合能提高服装的文化品位，从而相应提高行业与职业团体的文化品位；

（5）美好的服装色彩不仅能够引起旁观者的愉悦，而且能引起穿着者的心理快感，对弘扬爱岗敬业、自觉遵守劳动纪律和提高工作效率、避免失误起着促进作用。

2．色彩设定的要求

在职业服装的色彩设定环节，色彩运用成功与否需注意以下几点：

（1）时代感。好的职业服装设计，应能熟练地根据有彩色系、无彩色系、色彩的冷暖、强弱、轻重感和距离感等性格特点，通过巧妙的色彩配置在满足职业标识功能、防护功能的同时，显示行业与职业团体的品位，使穿着者获得振奋，使旁观者和服务对象受到感染。为了融入时代感，设计者必须关注流行趋势，并根据不同职业岗位要求，从中选择、设定现时期流行色中属于前卫或中庸或稍显保守的色彩。

（2）职业特点。职业特点与职业服装的穿着环境、穿着目的、穿着时间紧密关联。有的希望使人感觉亲切，有的严肃凝重，有的热烈，有的恬淡。例如，军人、警察的服装要有威严和震慑感；医生的服装要有洁净感，在安详宁静中透着亲切；而娱乐场所的职业服装则要洋溢着轻松、活跃之情。

（3）材料质地。色彩与服装材料是相得益彰的关系，材料质地不同，所反映的色彩效果也不同。例如，同一个宝石蓝色，在棉布上感觉质朴，在丝绸上感觉华丽，在毛料上感觉优雅，在麻布上则感觉粗犷。所以，做色彩设定时一定要对照实际材料。

（4）反复研究对象心理。职业服装是穿给服务对象看的，它的本质是社会化。因此，必须关注服务对象可能产生的心理反映。只有这样才能优化穿着效果，促进人际交往，推进职业工作的发展。

（5）服装本身的色彩协调。以色彩的三个要素——色相、纯度、明度来做色彩设定是基本常识。在设计时往往以单件套服装进行研究。不过，这只是设计工作的一个部分，还没有完成，因为还要考虑到色彩的量的效果。往往单个从业人员服饰色彩效果与多个或整个职业群体的服饰色彩效果会有很大的区别。

（6）禁忌色。不同国家、民族、不同宗教信仰的人群，其色彩使用习惯和禁忌往往是一种历史积淀的结果，有时甚至连流行色也不能顾及，这是职业服装的特殊个性。因此，设计时要注意禁忌色的收集、对比，避免出现错误。

（二）造型的设计

1．职业服装造型的理念

（1）造型是对服装整体形象的确定；

（2）职业服装的造型，就是让衣料围合成一个使从业人员能够携带的空间，作为属于从业人员个体最小的工作环境；

（3）职业服装所营造的整体形象与环境，应优先考虑其功能，即远离险情，获得舒适，保证美感。

2．职业服装造型的设计要点

（1）根据职业特点选择基本造型；

（2）职业服装结构设计必须简洁，应尽量减少分割线，以减少接缝；

（3）职业服装的局部设计（部分设计）要符合职业性质。例如，一般工装和特种防护服要讲究封闭性，少装饰或尽量不装饰，而办公室工作服装或酒店制服则需要强调装饰性。

（4）重视服饰配件设计——应与造型设计作为整体考虑，例如必备的靴、鞋、帽、手套、丝巾、围巾等。其设计原则还是以功能为主，兼具美感并注入时代精神。

（三）材料的选择

1．材料选择的意义

服装材料是服装质感美的具体表现。如果说，职业服装是以人体为主体，以色彩为灵魂，那么用于造型的材料则是职业服装的肌肉筋骨。离开材料，设计便成了无本之木、无源之水。

职业服装的材料是职业服装功能的主要承担者，尤其是特种防护功能的执行者。由于事关人身安全、工程安全，所以材料的物理性能、化学性能和工艺性能都非常重要。

2．职业服装的材料选择要点

（1）特种功能防护的材料选择，往往是相关专家和设计者共同合作完成。经过一定资质的部门鉴定、确认，由设计师提出色彩建议。

（2）一般工作服和酒店宾馆、企业事业单位的职业服装材料，大多在市场的供应商处可以找到。其选择要点是：①熟悉市场现行服装材料品种；②特别关注新型材料；③注意材料的流行趋势。

（3）设计确定方案前，最后做材料实物对比。例如材料的薄厚、轻重、悬垂性、软硬度、工艺性能等；辅料的选择同样要考虑物理性能、化学性能，以及与面料的搭配是否协调等。

五、职业服装饰物与配件的设计

职业服装饰物与配件的设计是职业服装重要的组成部分，与其他日常服装的服饰配件不同的是，其作用更加多，除装饰外，还包括识别性与防护性。

1．识别性

具有识别性的饰物与配件有帽饰、肩章、徽章、绶带、领饰等。如厨师帽、护士帽、警察大盖帽等，都是按国际惯例显示职业身份的。在服装式样上具有共同特征的工商、税务等，除服装色彩加以区别外，肩章、徽章的识别就显得尤为重要。此外，领饰在整个服装中不仅起到装饰作用，其造型、色彩的不同，而且有助于企业、集团内部的管理或对外服务。因此，饰物配件在职业服装识别性方面所起到的作用是显而易见的。（图5-1～5-7）

2．防护性

防护性的饰物配件主要有安全帽、手套、鞋靴、腰带、荧光条纹等，如在室外作业的采矿、建筑等行业的安全帽、安全腰带等。除本身具有防护功能外，采用识别性强的、鲜明的色彩，同样能起到安全防护的作用。（图5-8、5-9）

图5-1　军服

图5-2　军服

肩章

上将　中将　少将　大校　上校

中校　少校　上尉　中尉　少尉

袖章

将　校　尉

袖子侧章

将　校　尉

图5-3　陆军晚礼服标识系统

图5-4 陆军常礼服标识系统

图5-6 空军常礼服标识系统

图5-5 空军晚礼服标识系统

图5-7 海军常礼服标识系统

3．装饰性

具有装饰性的饰物和配件种类繁多，领饰有领带、领花、领结、领巾等，腰饰有腰带、腰节、腰封等。装饰用饰物、配件设计应与识别性、实用性结合，根据服装的风格、职业特点和岗位的需要进行整体的有机选择、搭配，才能更好地体现其装饰性。（图5-10）

饰物与配件的三种作用在实际应用时并不是完全独立的，它们互相联系、互相影响，有机地结合在一起，但在设计时可根据职业工装、特殊职业装、职业制服、职业时装的不同要求有所侧重。

图5-9　防护服装配饰设计

图5-8　防护服装的细节设计

图5-10　装饰用饰物设计

教学范例一：《面包屋员工职业服装设计》

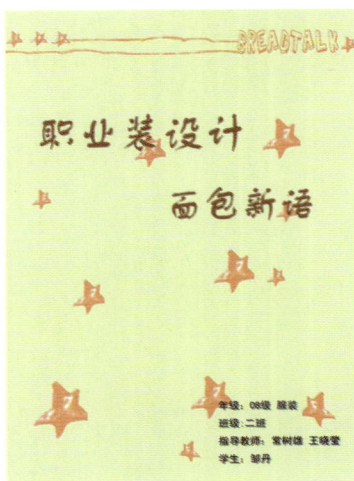

面包屋服务员的服装设计共5套，分冬夏两款。整体感觉以清新、可爱、时尚、方便、简洁为主，颜色主要是白色与黄色为主调，加入少量淡蓝色点缀。

糕点师的服装设计为表现其专业性，以白色为主，加少量黄色搭配。

设计说明

此服装为女服务员夏装，宽松公主袖上装配黄色短裙，外套短片浅黄色围裙，面料舒适、吸汗，围裙的小兜增加其功能性。

salesman
服务员

设计说明
女夏装内搭配白色宽松衬
衫，便于活动，外套黄色
围裙，腰间有两个可爱的
小兜，美观大方。

salesman
服务员

设计说明
西式设计的女冬装，泡泡
袖白衬衫配宽松围裙，在
腰间系带，使其不过于臃
肿，方便工作。

salesman
服务员

设计说明
此款为女服务员冬装，内
配白色长袖衬衫，袖口有
特别设计，纯棉面料，穿
着舒适。

Caker
糕点师

设计说明
糕点师服装，将传统制服
加以改变，在腰间配以黄
色腰带。

教学范例二：《摄影记者职业服装设计》

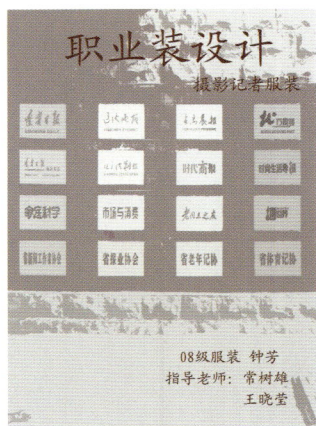

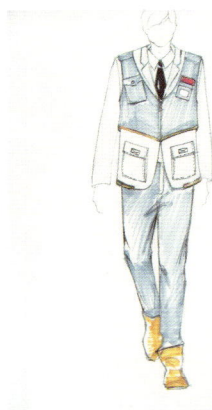

摄影记者·夏装（一）

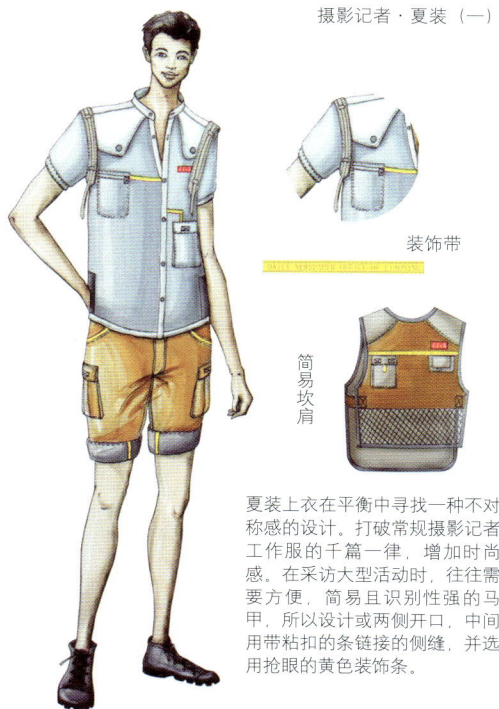

装饰带

简易坎肩

夏装上衣在平衡中寻找一种不对称感的设计。打破常规摄影记者工作服的千篇一律，增加时尚感。在采访大型活动时，往往需要方便，简易且识别性强的马甲，所以设计或两侧开口，中间用带粘扣的条链接的侧缝，并选用抢眼的黄色装饰条。

摄影记者·秋装

墨镜

收紧的袖口

摄影记者服装的设计风格应根据摄影记者出席不同的场合做出相应的改变，此款秋装带一点正装的感觉。适合采访大型新闻会议或其他正式场合穿着。考虑到其动作特点和工作设备的需要，仍设计成马甲形式，注重与实用性结合，如收紧的袖口，大的立体兜，插工作牌的口袋等。另外墨镜的搭配给正装带来一丝活跃的气氛。

摄影记者·夏装（二）

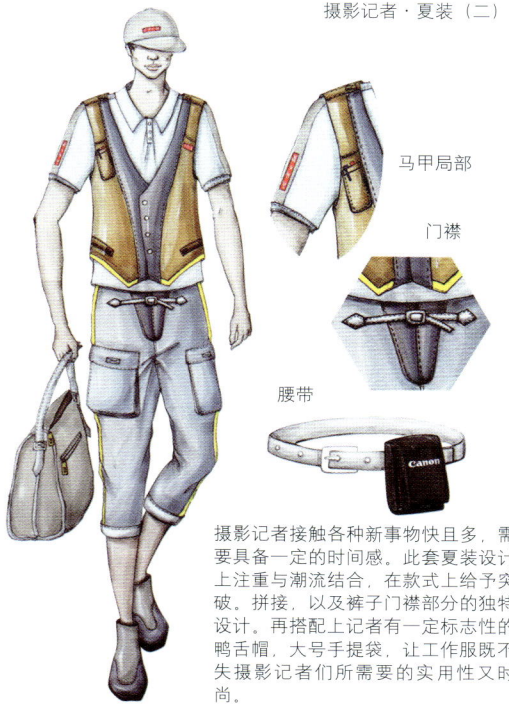

马甲局部

门襟

腰带

摄影记者接触各种新事物快且多，需要具备一定的时间感。此套夏装设计上注重与潮流结合，在款式上给予突破，拼接，以及裤子门襟部分的独特设计。再搭配上记者有一定标志性的鸭舌帽，大号手提袋，让工作服既不失摄影记者们所需要的实用性又时尚。

摄影记者·冬装

手套

冬装采用连帽短外套的设计，配以毛线帽，长靴，方便活动的护手手套及腰包，对于外出工作的记者们是必需的，上衣肩部打破四角对称的口袋设计，裤子也与之呼应，找到一种平衡感，整套服装看来休闲又不失工作者所需的职业庄重。

教学范例三：《图书城员工职业服装设计》

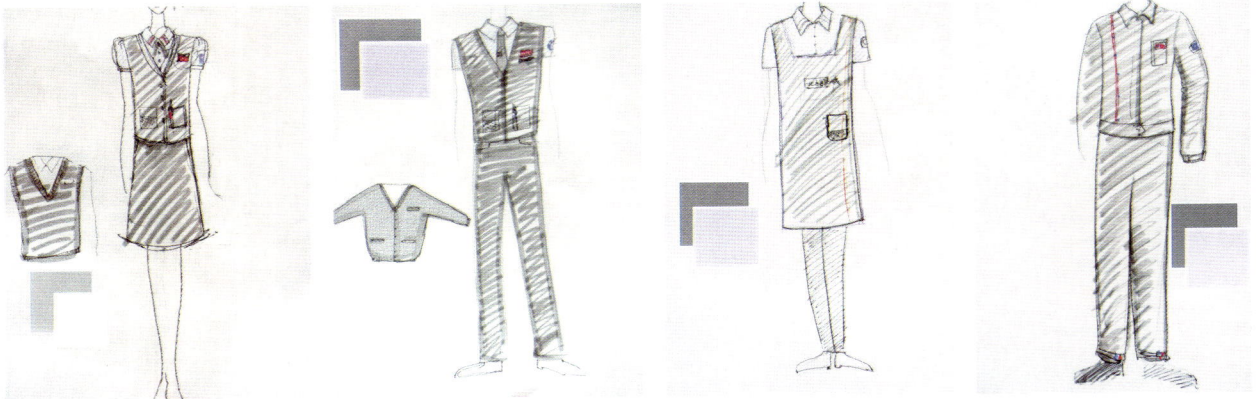

设计草图

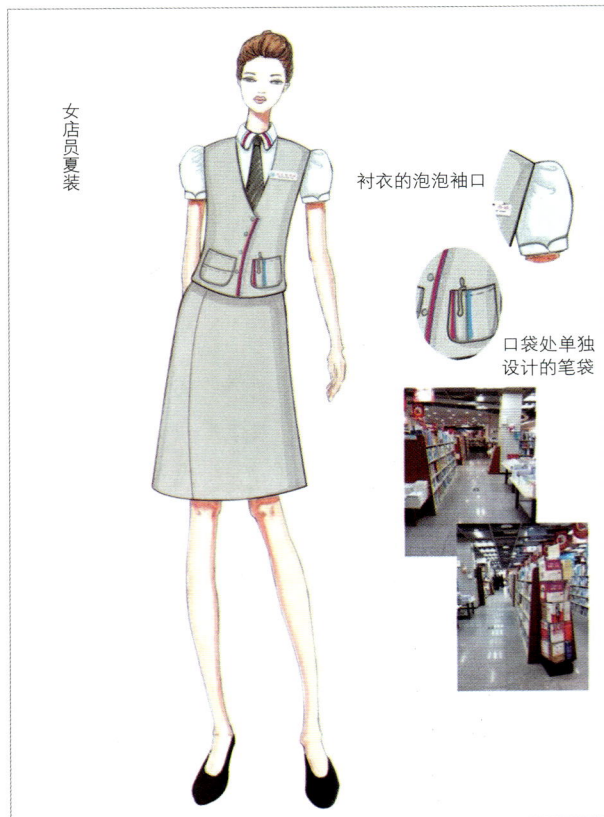

女店员夏装

衬衣的泡泡袖口

口袋处单独
设计的笔袋

男店员夏装

带标志的袖口

便于拿取的笔袋

女店员冬装

领口的logo
使整体灰调
的衣服增色

图书整理人员

胸前口袋安装拉
链，使兜内物品
不易掉落

下摆处安装随
摆拉链可以下便
时的围度以，
于活动调节

男店员冬装

领口的logo使整
体灰调的衣服
增色

图书搬运人员

工装裤膝盖处做
了省道处理，便
于搬运工蹲起

肩部与袖轴拼接处做
了加厚防磨处理

教学范例四：《中国武警作训服装设计》

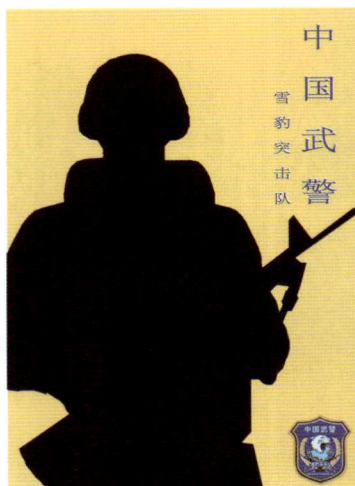

狙击手

本套服装主要是用于埋伏和狙击，由于狙击手为了狙击目标很有可能需要在恶劣的环境下长达数个小时纹丝不动，加入了大量的保暖措施，同时为了方便运用各种姿势狙击，并没有加入有碍肢体舒展性的设计。

阵地战

本套服装主要适用于大规模阵地战，在肘和膝盖部都采用了加厚的材料，方便卧倒与匍匐前进，并未有过多的护甲更加方便了此类兵种的机动性与灵活性，更加方便战略转移。

游击战

本套服装主要是用于小规模的游击战，用来分散敌人的注意力，牵制敌人的部队，在提升了服装的透气性的同时还增加了许多方便携带补给物品的扣环，方便了一些物品的携带。

攻坚战

本套服装主要是用于针对某些建筑物的攻坚战，大幅加强了士兵身上的护甲，在特殊的位置加入了特殊的防护措施，在敌暗我明的情况下可以大幅度保存我军的有生力量，减缓了人员伤亡，降低了攻坚难度。

教学范例五：《日本料理餐厅服务员服装设计》

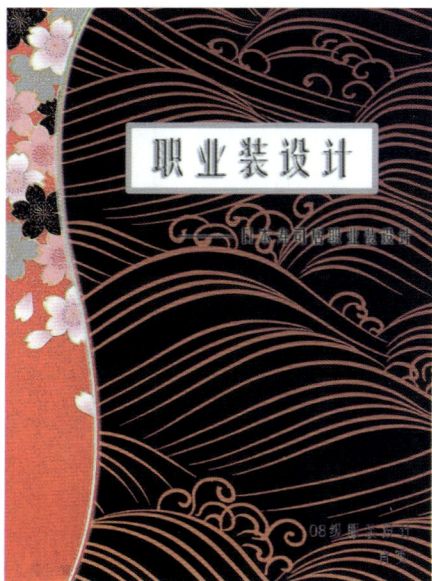

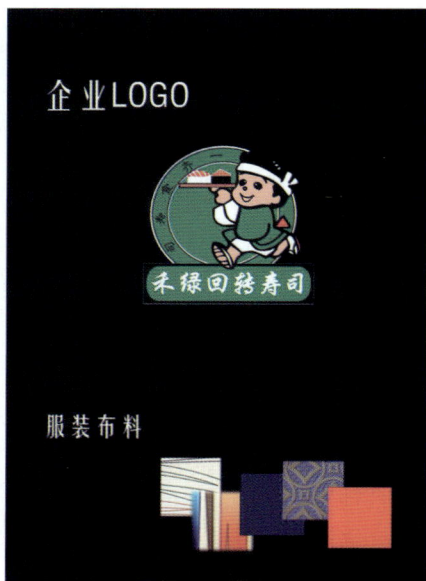

迎宾员

门童

厨师

服务员

第六章 教学实践范例

一、职业制服

细节说明

淡紫色的条纹丝巾

胸口航空公司的标志

裙子上白色条纹和扣子的装饰

空姐制服

空姐的服装以淡紫色为主，搭配同色的条纹丝巾，V字形的无领设计舒适度很高，扣子的搭配恰到好处。帽子采用厚呢子做成挺括的圆顶造型，整体看起来清新优雅。

细节说明

双排扣的设计，体现护士的庄重性

可调节的腰带，使服装更加合身

制服前襟采用双排扣的设计，并添加了装饰线，在腰部加以可调节的腰带，不仅增加了美感，同时体现了护士的庄重性。

细节说明

V字形的领子设计简洁大方

胸部开省直通到腰部，既合身又起到装饰作用

腰部两侧的口袋设计方便存放一些小东西，如纸、笔等

相比前一套空姐制服，本制服在细节之处又有许多不同，如侧开襟改为了中开襟。裙子的装饰设计及扣子的装饰也有许多变化。

空姐制服

细节说明

袖子设计为泡泡袖，增加了护士的亲切感

兜采用按扣式，防止兜内物品掉落

这是一款护士制服，袖子设计为泡泡袖，颜色采用粉色和白色，增加了护士的亲切感。无领的设计使得护士制服更加简洁、利索，腰间的兜盖采用按扣式，可防止兜内物品掉落。

护士制服

这款外套警服，与里面的T恤衫相搭配，既正式又不失美感。裤子仍然选择了有弹性的面料，适当加入了一些新的元素。

大连的夏天气温比较高，上衣选用淡蓝色，给人以舒适清爽的感觉。裤子选用特有的弹性面料，舒适，透气性好。

夏装

春秋装

头盔的设计主要考虑到其实用性，即安全保护作用，主体为黑色，用黄色加以点缀，头盔正中间加上标识。

这是一套中国特有的红色的制服，希望女骑警穿着此制服在节日里出巡时，能给旅游城市大连增加一道亮丽的风景线。

春秋装

春秋装

女骑警制服

二、职业时装

设计说明：
此款为戴尔电子产品促销员的夏季服装。短袖上衣和短裙体现出一种运动风格，给人以轻松、亲切之感。

DELL 促销员

领口样式

衣边样式

裤腿纹样

设计说明：此服装颜色选择围绕红色进行设计。裤摆以波浪花纹样式，庄重又不显拘谨。整体融入中国结等元素，袖口处的独特设计更增添几分美感。

DELL 促销员

设计说明：
此款为戴尔电子产品促销员的夏季服装，运动风格，服装以粉色为主色调，给人以和蔼亲切之感。

领口样式

胸前纽扣

袖口样式

裙摆纹样

设计说明：此套服装大胆运用了偏橘黄色系，颜色亮丽清新。裙子采用包臀裙来展现中国女性的形体美和曲线美。在裙摆处增加花纹成为点睛之笔，体现了民族特色。整套服装大方合体。

商店促销员时装

餐厅服务员服装

图书馆前台接待服装

使用平领减少严肃感

拼色衬衣领，门襟打折做装饰

Logo与胸前装饰口袋

一步裙侧面开衩，既有设计感，又不失庄重

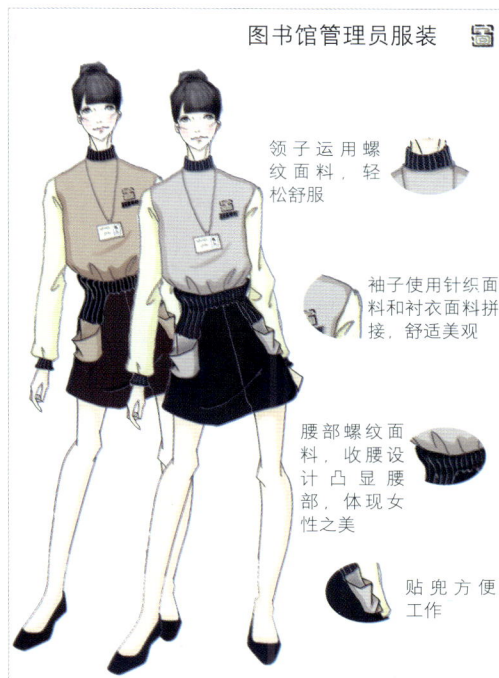

图书馆图书管理员服装

图书馆管理员服装

领子运用螺纹面料，轻松舒服

袖子使用针织面料和衬衣面料拼接，舒适美观

腰部螺纹面料，收腰设计凸显腰部，体现女性之美

贴兜方便工作

设计说明：

这是为西式蛋糕店服务员设计的系列服装，整体采用西式风格，在每套服装的领子、袖口处都融入了西式设计。每套服装都有围裙，这是面点行业的特殊要求，整套服装的泡泡袖、束腰裙、装饰兜以及装饰性的头饰，凸显了一种浪漫、温馨的感觉。

蛋糕店服务员时装

三、职业工装

邮递员
中国邮政

小兜的设计方便携带

由于是连体裤，做了收腰设计，穿着更加舒适方便

裤脚绑绷带方便邮递员骑自行车

设计说明：
此款工装设计为整体连身装，帽子的颜色与logo相呼应，拼接大方简洁；袖口、裤脚以及腰部的按扣设计均为了方便工作。

收银员
Accounting

邮递员
中国邮政

倒三角的分割线使上衣兜更加别致

紧实袖口更方便工作

做了收腰的设计，款式依然宽松

设计说明：
此款设计的细节在于帽子同样是与logo相照应的，上衣肩部的颜色拼接使衣服更具活力，袖口和裤脚的按扣设计更方便工作，裤子双层兜的设计也方便工作需要，上衣款式上做了收腰的设计，宽松的前提下也区分了男女款。

搬货员
Porter

中国邮政工装

超市服务员工装

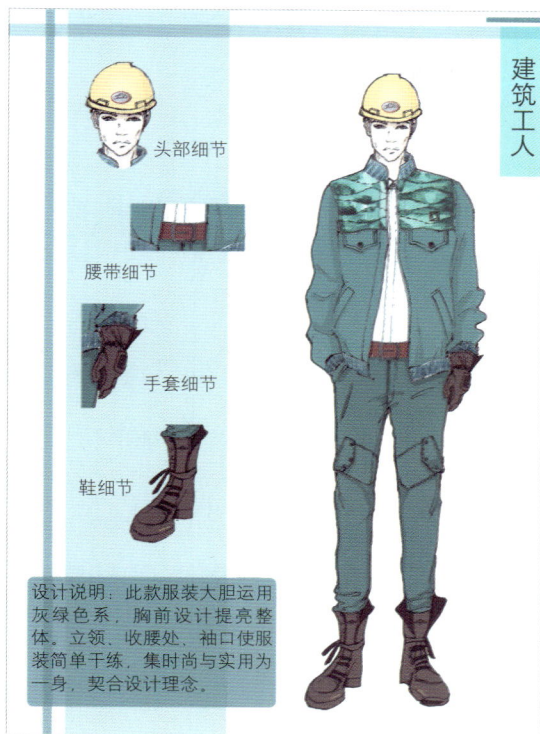

头部细节

腰带细节

手套细节

鞋细节

建筑工人

设计说明：此款服装大胆运用灰绿色系，胸前设计提亮整体。立领、收腰处、袖口使服装简单干练，集时尚与实用为一身，契合设计理念。

远大企业集团

男工装

帽子logo设计

右胸前独特设计，提亮整体

袖子拉链给人以时尚金属感，又具有一定的实用性

建筑工人

设计说明：本款服装注重肩部、袖口、胸前等细节的表现，整体风格简单统一，给人以舒适、简洁的质感，鞋子设计以耐磨防尘为主，外观设计时尚简约。

远大企业集团

女工装

建筑工人工装

企业工装

四、特殊服装

■ 消防员

帽子

肩部和口袋

设计说明：此款消防员服装整体为墨绿偏黑色，配有保护头部的帽子，上衣为过臀长款，上衣有四个口袋，腰带上增加了荧光条便于识别。服装面料为防水、隔热材质。

仪器口袋

无线电对讲机

肩章

伸缩安全带

设计说明：国家救援队需要应对紧急突发情况，工作环境复杂，灾害现场条件恶劣，救援工作繁重、危险。本系列服装设计参考国家救援队服装配色，具有简洁明快、高明度色调等特点，上下装均采用同一醒目颜色，并配有若干条反光带，白天和夜间均易于辨认。上装配有放置定位仪器和通讯设备的防尘口袋，下装配有工具口袋，在腰间配备可伸缩型安全挂钩腰带，可保障救援人员在攀爬、垂直起降等搜救工作中的安全。

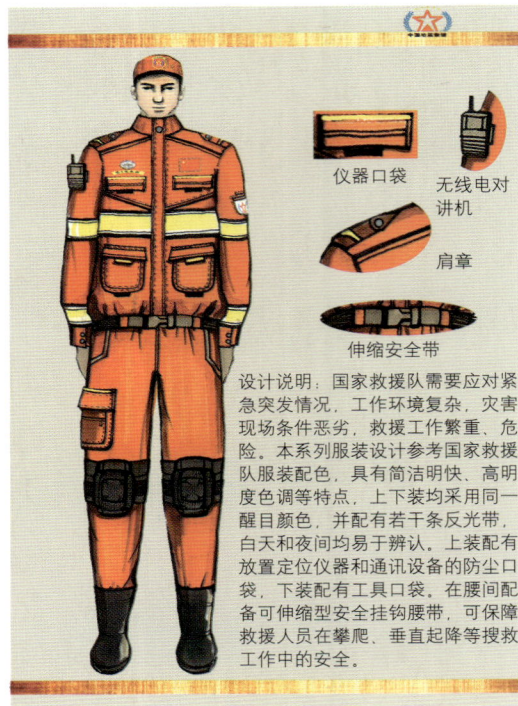

■ 消防员

口袋   鞋

腰带

设计说明：此款服装在肩部放了约克，腰带上加了能够插放工具的插套，上衣下边的两个大口袋便于装放小工具，黄色的条带方便辨认队员。服装面料用防水、隔热、轻便的材质。

护膝板   荧光带

防护头盔   防护手套

设计说明：本套服装与前套服装所选用颜色、款式相同，但在腰部和袖口处增加了收紧按扣。由于特种职业的特殊性所致，特别设计了一款外坚内软的高硬度护膝，以加强对膝盖处的保护；为保护救援人员头部和双手，设计了多功能夜视钢盔和耐磨纤维防护手套。荧光条带能够在夜间更好地反射光线，使救援人员更加容易相互辨认。

消防员服装   国家救援队服装

滑翔运动服

红色部分为填充气垫，保护关键部位；黄色处有气孔，颜色警示效果强烈

护膝

安全帽　　　登山鞋

防风镜

手套

男滑雪服

雪地鞋

滑翔运动服

腰部黄色部分为填充气垫，橙色双竖条为贴身的隐形兜，其他橙色部分为气孔

安全帽　防风镜　　手套

防风帽

防风镜

女滑雪服

滑翔运动服

滑雪服

作品赏析

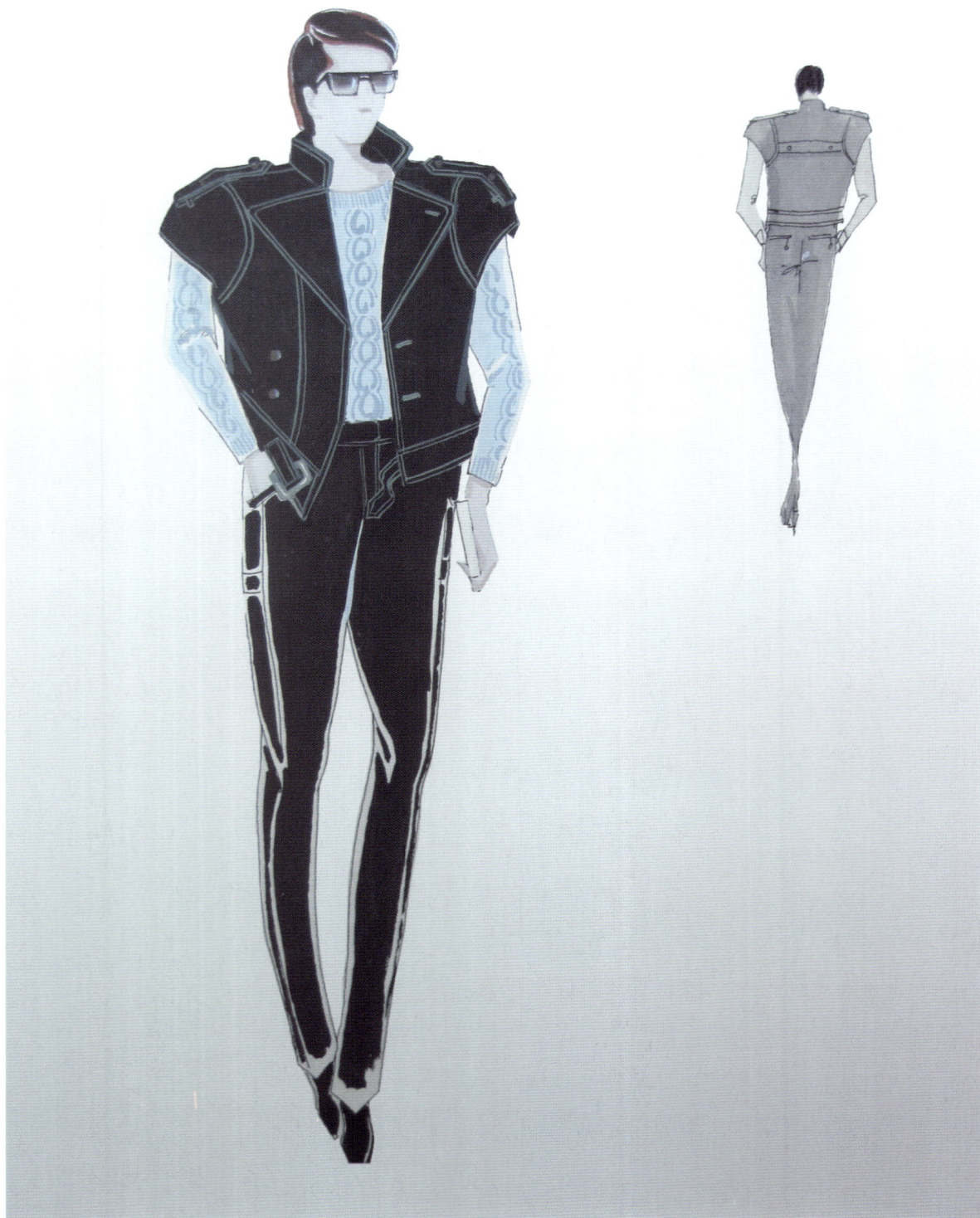

学生作品

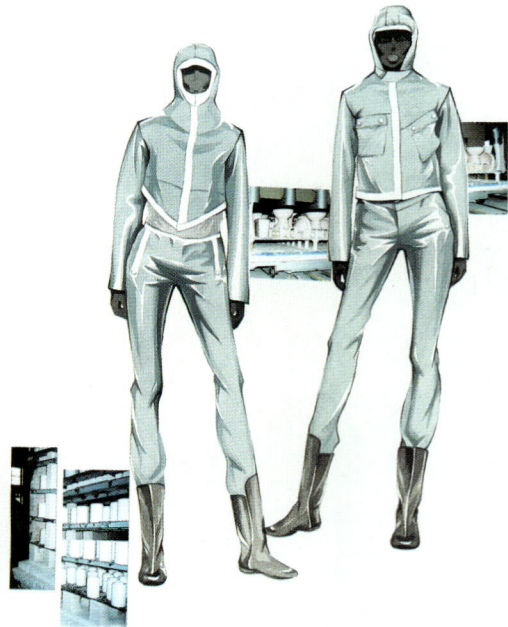

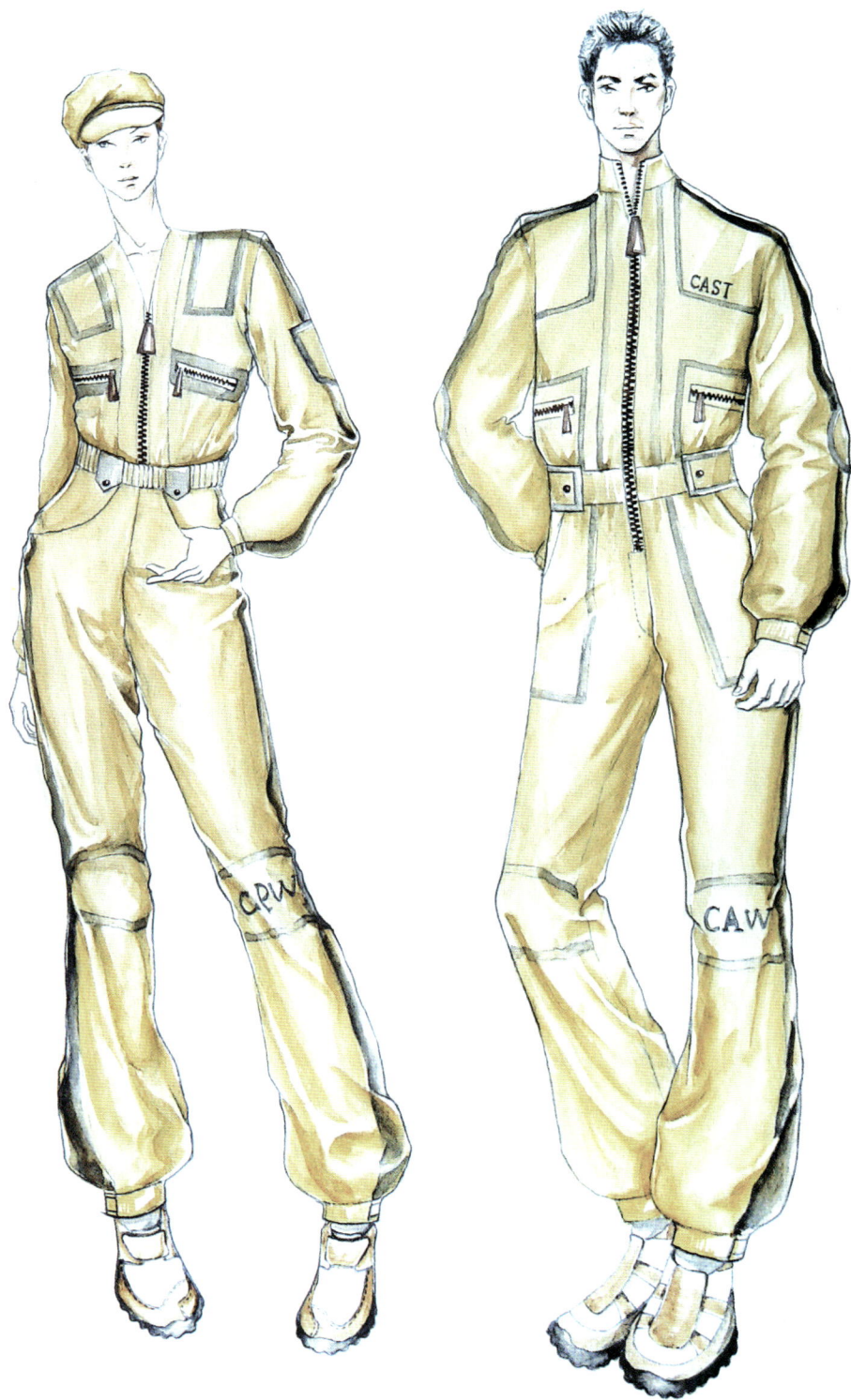

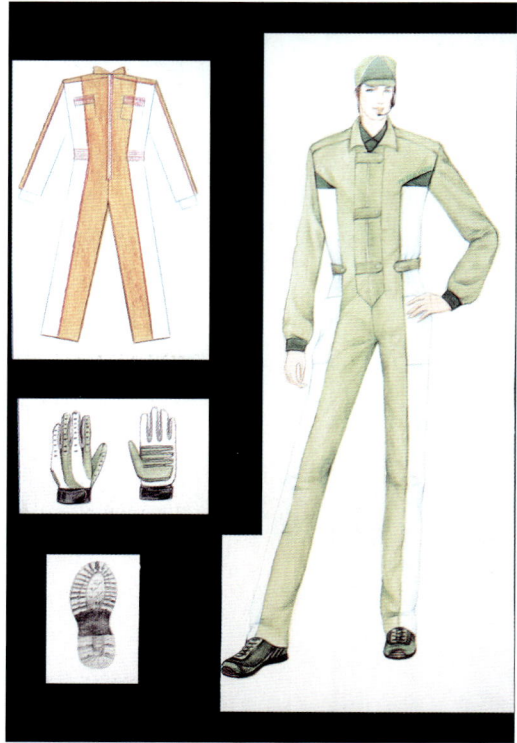

Armed police

Our mission is the security to safeguard the people

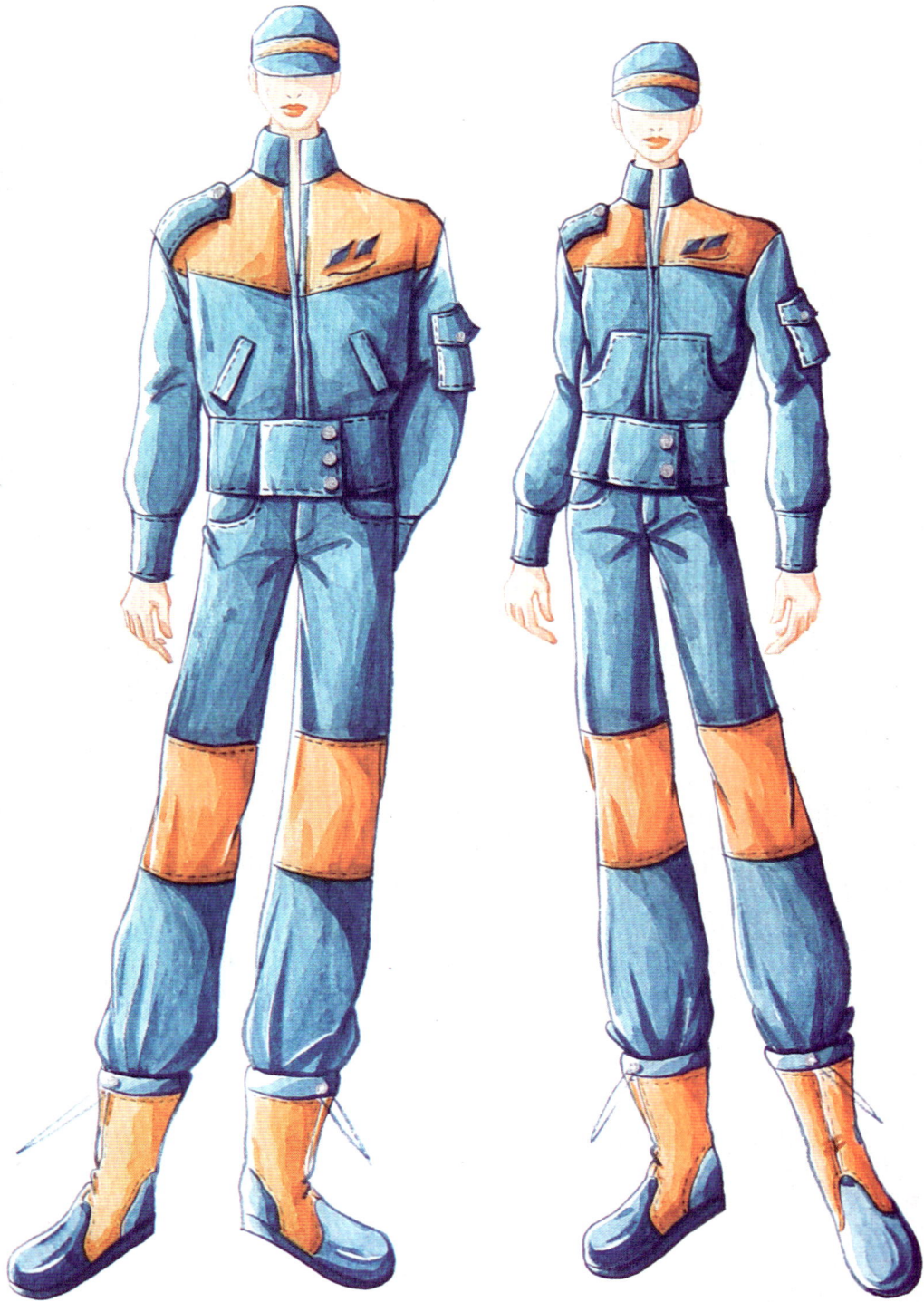

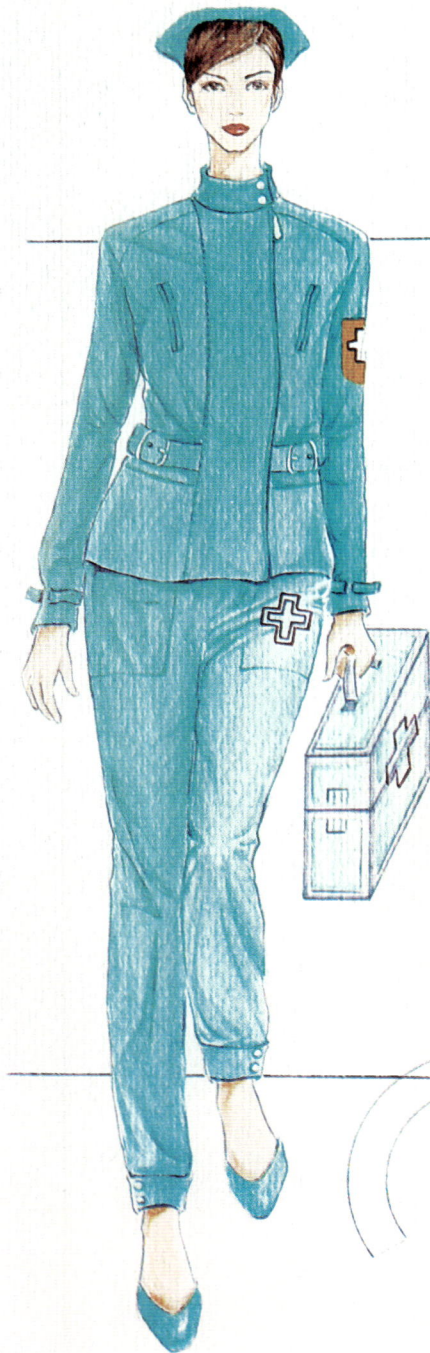

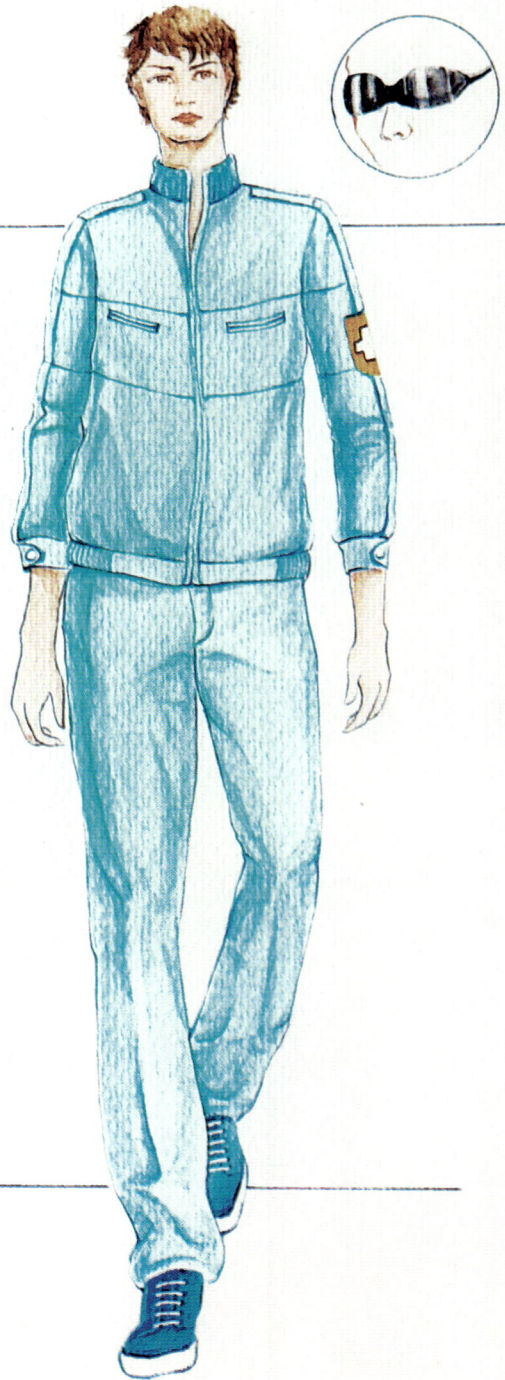

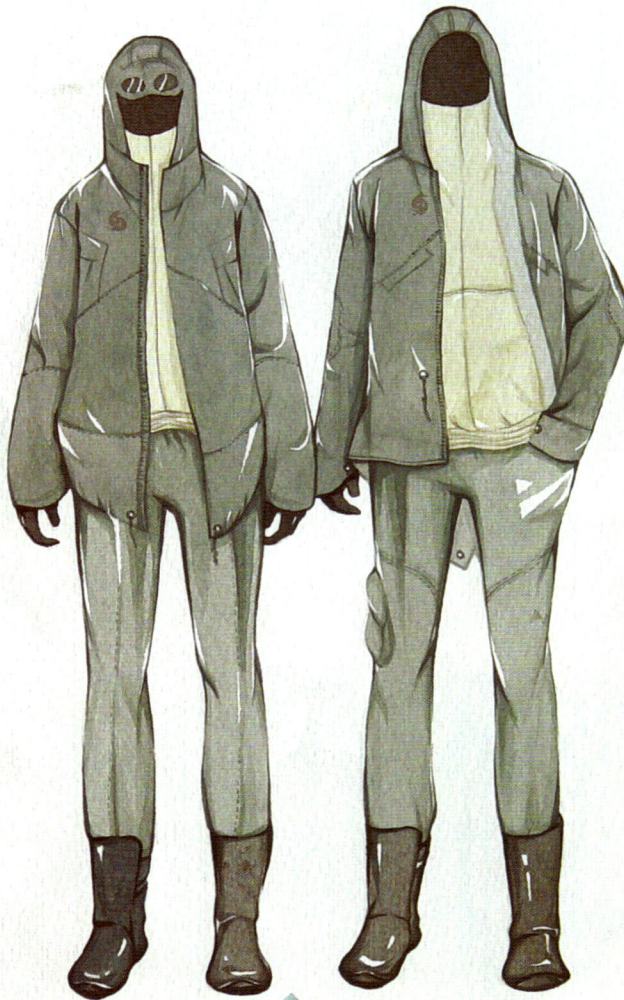

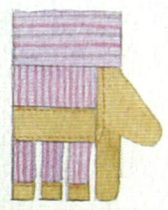

STARIGHT

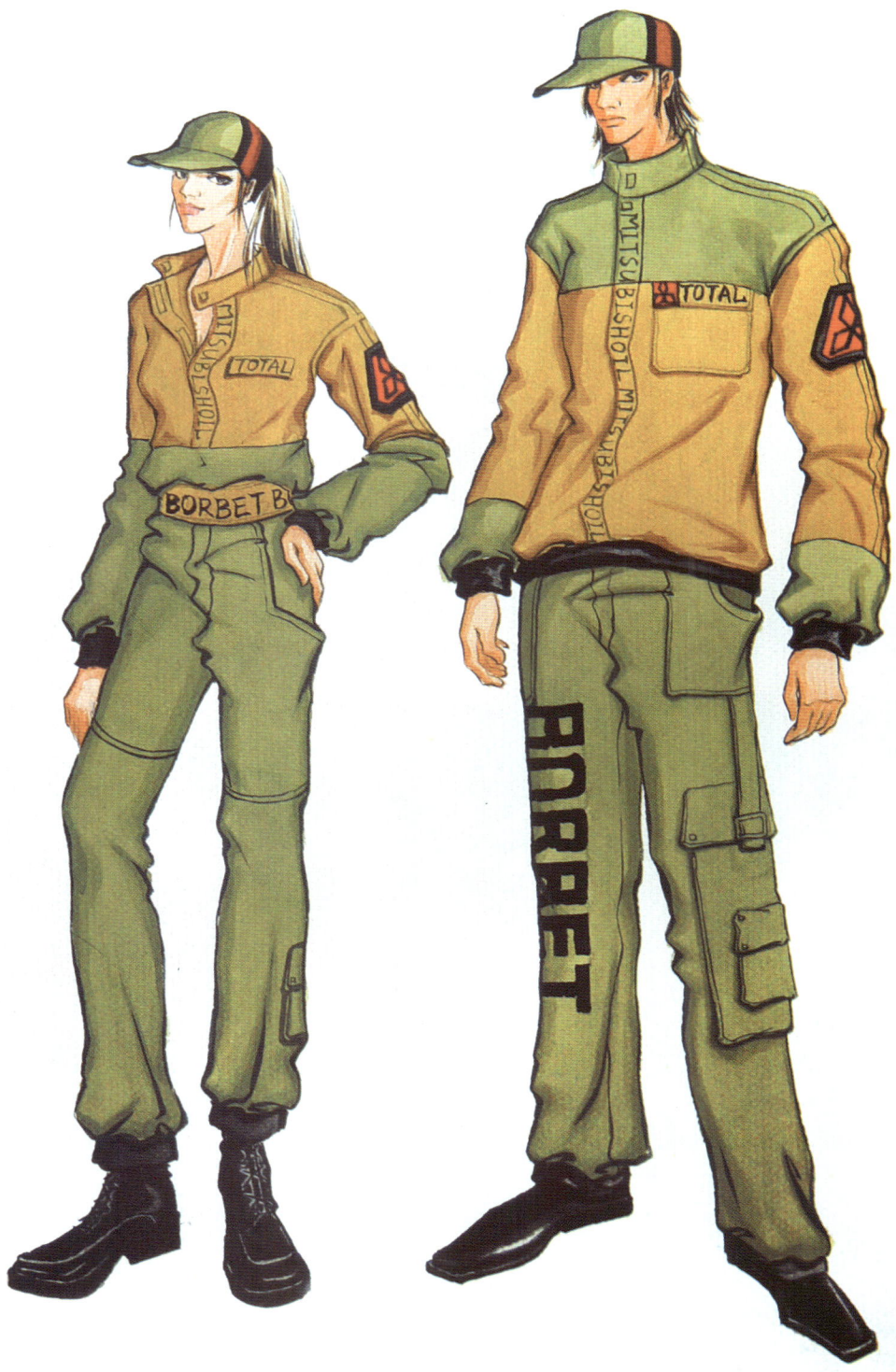

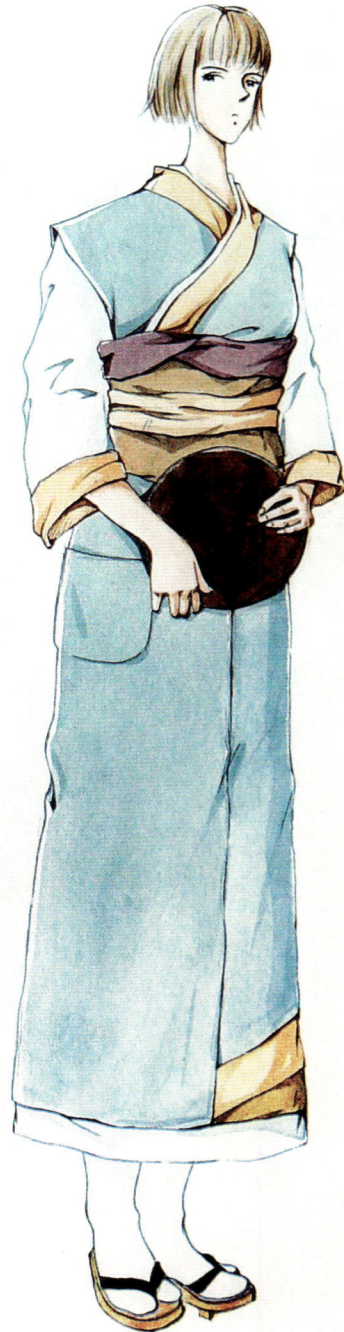

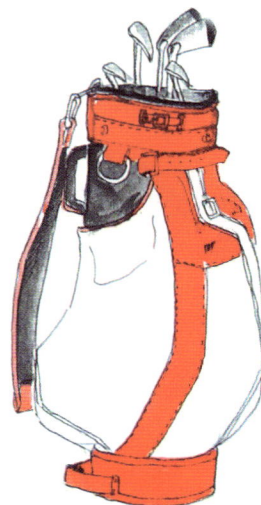

良好的肩部透气系统，保持球员时刻凉爽

前领绣有具有中国特色的长城

前胸的图形象征一颗流星，如同飞翔的足球

腋下有良好的透气系统

后面有贯穿上下的透气系统

特警队日常作训服

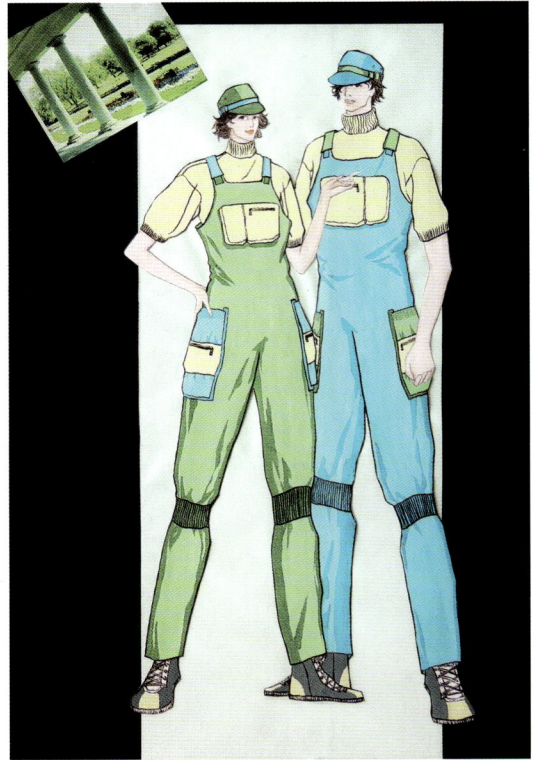

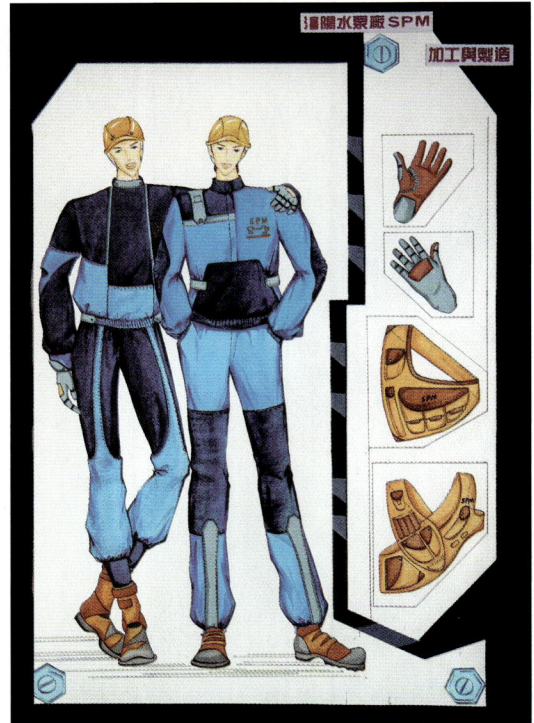

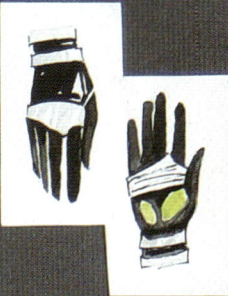

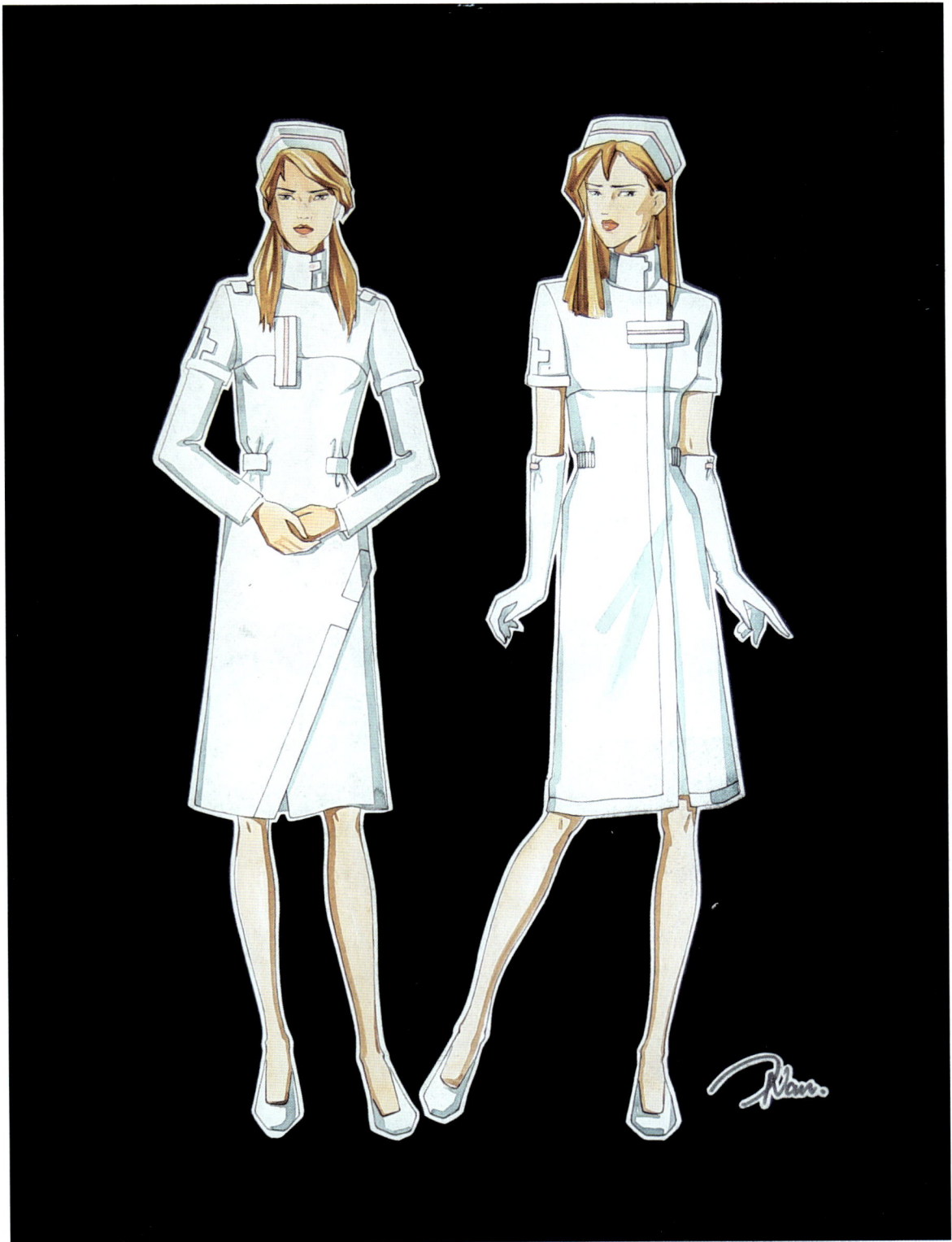

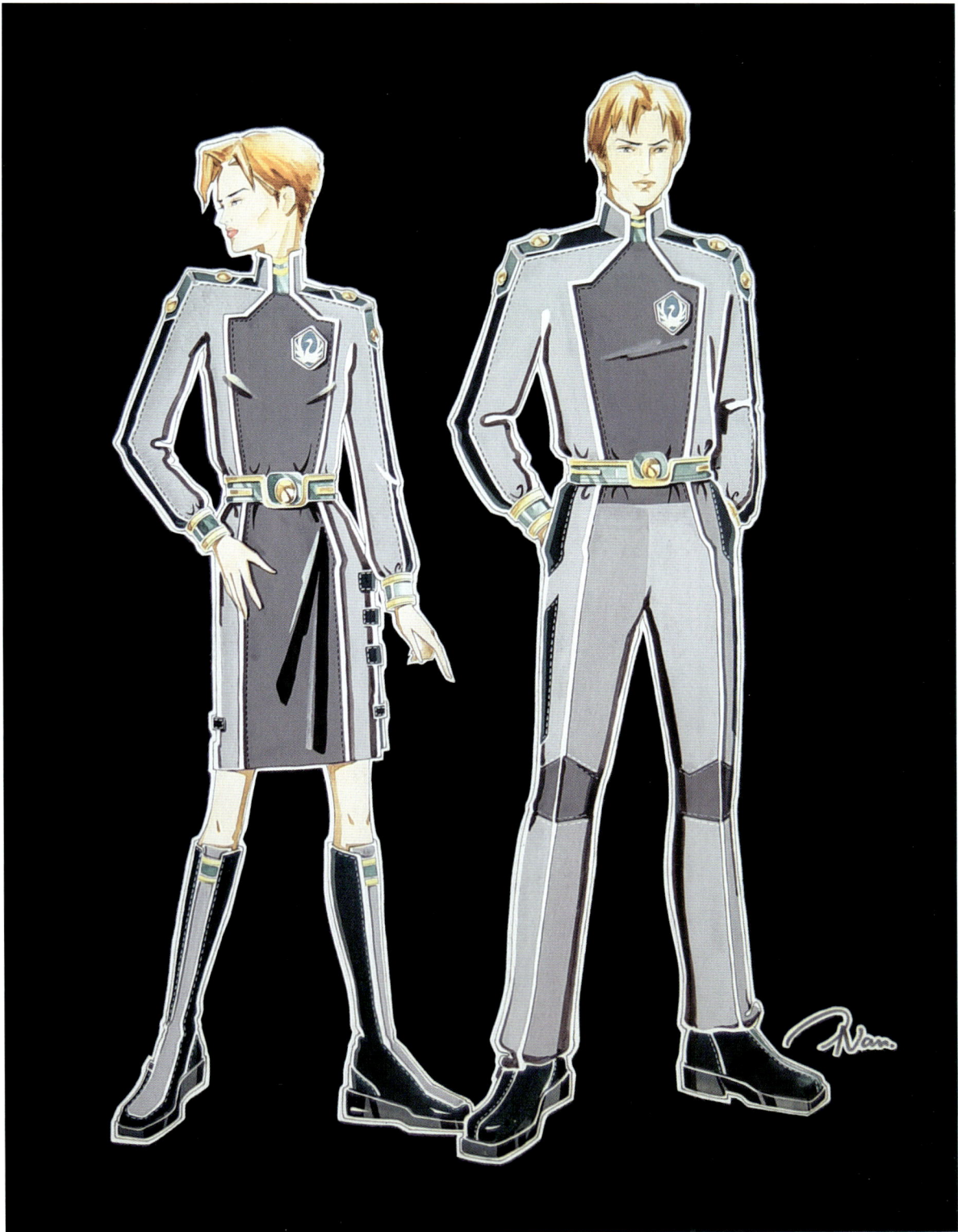

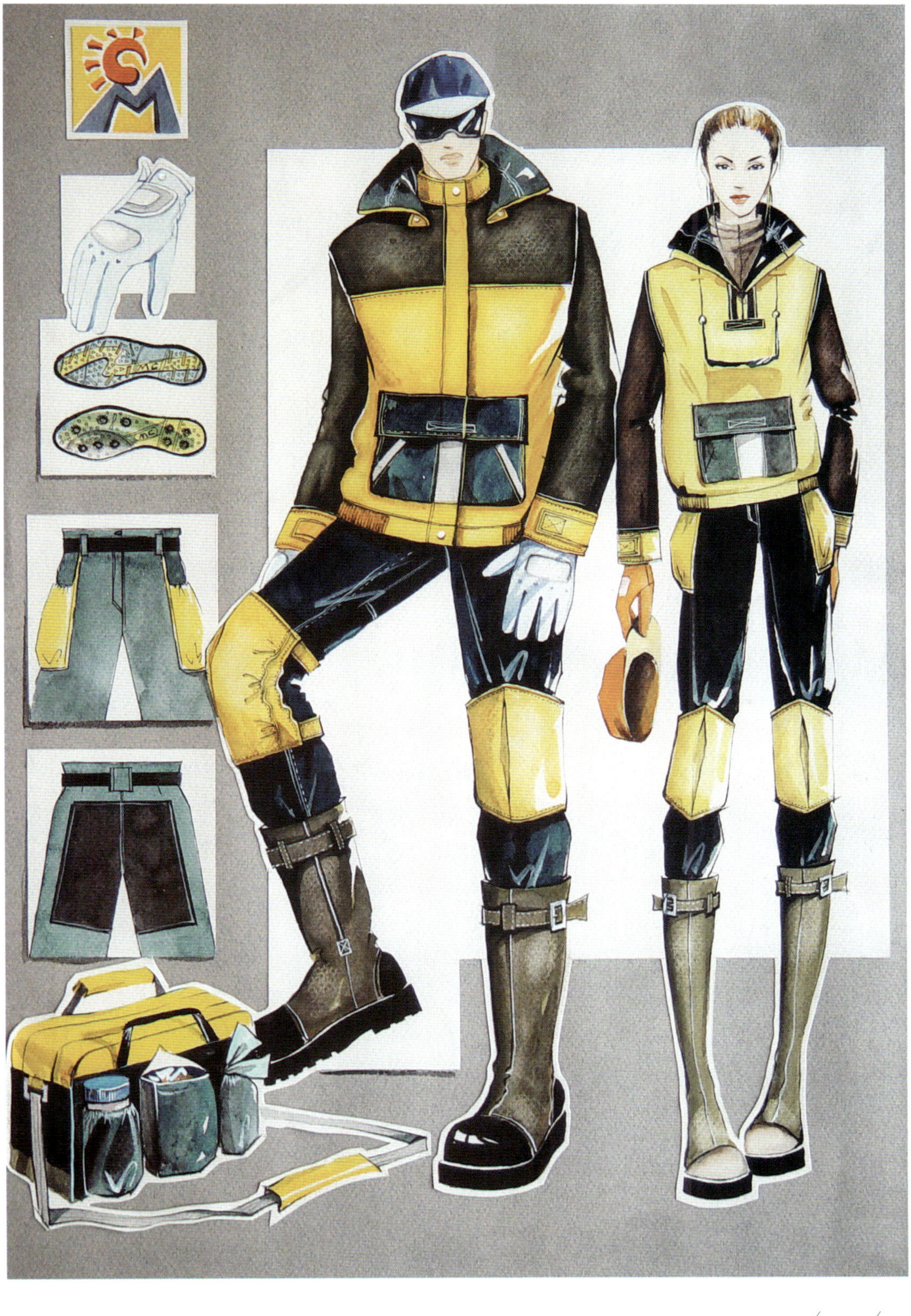

参考文献:

1.《职业服装设计》刘青林著，山东美术出版社，2003.09

2.《职业装设计与实务》潘柔坤 许兢荣 帕美拉·史帝可著，岭南美术出版社，2005.01

3.《职业装设计》张辛可著，河北美术出版社，2005.06

4.《国际化职业装设计与实务》刘瑞璞 常卫民 王永刚编著，中国纺织出版社，2010.07

5.《中西服装发展史教程》冯泽民 刘海清编著，中国纺织出版社，2007.01

6.《外国服装史》袁仄编著，西南师范大学出版社，2009.09

7.中国制服设计网（www.efzz.cn）